把信送给加西亚

（美）阿尔伯特·哈伯德◎著　　李慧泉◎译

立信会计出版社
LIXIN ACCOUNTING PUBLISHING HOUSE

图书在版编目（CIP）数据

把信送给加西亚/(美) 哈伯德著；李慧泉译.--
上海：立信会计出版社，2016.7
（时光新文库）
ISBN 978-7-5429-5034-5

Ⅰ.①把… Ⅱ.①哈… ②李… Ⅲ.①职业道德－通
俗读物 Ⅳ.①B822.9-49

中国版本图书馆CIP数据核字(2016)第104621号

策划编辑　　蔡伟莉
责任编辑　　蔡伟莉　张　寻
封面设计　　久品轩

把信送给加西亚
BAXIN SONGGEI JIAXIYA

出版发行	立信会计出版社		
地　　址	上海市中山西路2230号	邮政编码	200235
电　　话	（021）64411389	传　　真	（021）64411325
网　　址	www.lixinaph.com	电子邮箱	lxaph@sh163.net
网上书店	www.shlx.net	电　　话	（021）64411071
经　　销	各地新华书店		

印　　刷	廊坊市华北石油华星印务有限公司		
开　　本	880毫米×1280毫米	1/32	
印　　张	7.375	插　　页	1
字　　数	152千字		
版　　次	2016年7月第1版		
印　　次	2016年7月第1次		
书　　号	ISBN 978-7-5429-5034-5/B		
定　　价	29.00元		

如有印订差错，请与本社联系调换

不要做有才华的穷人

——中文版序

在人人都追求个性的今天，翻译出版这一本书看似不合时宜，实则极为必要。互联网时代，全世界都在谈论着"变化"、"创新"等时髦的概念，重提"忠诚"、"敬业"、"主动"、"服从"、"信用"之类的话题未免会让人觉得无趣。

然而，只要能静心冥想，你就会发现，无论在什么时候、在什么地方，员工的忠诚和敬业精神都是不可缺少的。职业精神的缺失和职业道德的风险无时无刻不在困扰着企业的管理者们。经济的飞速发展与价值观念的转变，也带走了许多有价值的东西，包括基本的商业精神——勤奋、敬业、诚实和守信。

如今，许多年轻人把频繁跳槽当作生活的常态，把善于投机取巧为炫耀的本事。这样的人通常是老板一转身就懈怠下来，只要没有人监督就没办法正常工作；即使勉强工作也总是拖拖拉拉、敷衍了事；工作多年，得不到加薪与提升，还总是寻找各种借口为自己辩解。拖沓、消极、怀疑、抱怨……种种职业病如同瘟疫一样在企业、在机关、在学校蔓延着……

这些整天抱怨的年轻人真的就是天赋不如他人吗？不是这样的，这些人中有不少人有着极其卓越的才华，但是他们只有才华，却没有责任心，缺乏敬业精神，于是他们慢慢地变成了一个又一个可怜虫。

放眼望去，在现实世界里，到处都是有才华的穷人。为什么？

管理者们也常常发出这样的感叹，到哪里能找到"将信送给加西亚的人"？

目前，不少公司的管理者们，对实干家情有独钟，坚持不懈地寻找"能够把信带给加西亚的人"（指那种不问缘由只知道忠实执行任务的实干家），遗憾的是这样的人越来越少。这种人在每个城市、村庄、乡镇，每个办公室、公司、商店、工厂，都会成为最受欢迎的人。世界上急需这种人才，这种能把信带给加西亚的人。

如今"送信"已经变成了一种具有象征意义的东西，变成了一种忠于职守、信守承诺、敬职敬业、自动自发的象征。在现实的世界，我们太需要这样的"送信人"了。

有人对《把信送给加西亚》颇有微词，认为它是一本站在管理者角度写出的书，是在给员工洗脑，是在发表奴役和压榨他人的言论。认为本书有失公正。说这种话的人，一定是没有好好读本书，没有真正领会本书的深意。忠诚和敬业并不仅仅有益于公司和老板，最大的受益者是员工自己，是正在努力的千千万万的打工者。一种职业的责任感和对事业高度的忠诚一旦养成，会让你成为一个值得信赖的人，一个可以被委以重任的人，一个到处都受欢迎的人。这种人永远会被老板看重，永远不会失业。这种人善于向老板学习，这种人有超越老板的能力。而那些懒惰的、终日抱怨和四处诽谤的人，即使独立创业，自己为自己工作，也很难改变已经形成的那些恶习。

兴趣是最好的老师，社会是最好的大学。《把信送给加西亚》的故事超越了许多大学里所教导的那些理论。它的影响不仅局限于一个人、一个公司、一个国家，甚至整个人类文明的发展都有赖于本书中揭示的道理。正如作者在书中所说："文明的进步，就是孜孜不倦地寻找这种人才的长久过程。"

经历了100多年的风雨洗礼，《把信送给加西亚》依然是历史上最伟大的作品之一。据《哈奇森2000年鉴》《出版商周刊》统计，此书可以排在全球最畅销图书第六名，前五名分别是：《圣经》《毛主席语录》《麦加菲读本》《英语语法原理》《吉尼斯纪录大全》，其畅销实力和受欢迎程度可见一斑。美国西点军校长期以来将此书作为讲授独立性和主动性课程的教材；美国前总统小布什在任州长时，曾在这本小书里签名，并把它赠送给自己的部属；许多跨国大公司要求所有员工人手一册。

现在，我要再一次把这本书推荐给所有中文读者。书中深入细致的阐述，值得所有公务员、公司职员细心捧读。

李慧泉
2016 年夏

一本震撼心灵的书

——英文版序

在商界，对于一名管理者来说，《把信送给加西亚》能够给你的团队一些重要的启示。从内容上看来，这是一本劝告员工如何自动自发工作的书籍，然而一个世纪以来，却在更为广泛的领域被人们应用着。

在军界，美国西点军校和海军学院的学生都要上一门关于独立性和主动性的课程。这门课程的教材就是这本题为《把信送给加西亚》的小册子，这本小册子让一届又一届的学员受益匪浅。

在政界，《把信送给加西亚》也成为培养公务员敬业守则的必读书籍。布什家族成员都深受这本小册子的影响。小布什就曾在这本小册子里签名，把它赠送给了自己的助手。他希望他的助手能够向罗文一样去做，所以他送给他的助手这本书。

这本窄小的、只有支票簿大小的小册子——《把信送给加西亚》，总是放在小布什办公室最后一张桌子上。小布什在他的签名上面写下了这样一句话："你是一个送信者！"写下这句话到底是什么意思？小布什解释说："我把它献给所有那些在政府建立之初与我们一起奋斗的人。我寻找那些自动自发的人，我要让他们成为我们中的一员。这样的人不需要去监督而且具有坚毅和正直的品格，他们就是改变世界的人！"

于是，一些政府机构把这本小册子的复印稿钉在了墙上，要求读过的人签名，结果纸上都是密密麻麻的签名。

小布什又是如何读到这本书的呢？这与赖特律师有关。作为一名奥兰多的律师，赖特长期效力于老布什和小布什。赖特于1998年小布什竞选总统时，向他推荐了这本书。

赖特这样描述他的推荐过程："我的道德标准是：你得到一个工作，就应该全力以赴地去做。当我向这位候选人推荐这本书时，他说：'我不会对这些东西感兴趣。'我说：'请读一读，只需喝一杯咖啡的时间，它不是新时代的东西，但它永远不过时。'我再一次碰到他时，他已经读过了这本书。他的反应正如我所预料的那样，他说：'这本书太震撼了，它把一切都说了。'"

《把信送给加西亚》的故事发生在1898年，出版于1899年。故事中所展现的那种精神，为一代代领导者所推崇。尤其是以下这段话更是发人深省：美国总统将写给加西亚的信交给了罗文，罗文接过信之后，并没有问："加西亚将军在哪？"

像罗文这样的人，我们应该为他塑一座丰碑，放在每一所大学校园里。对于年轻人来说，所需要的不仅仅是学习书本上的那些知识，也不仅仅是聆听他人的种种教诲，而是一种敬业主动的精神。对于上级交给的任务，能够立即行动，全力去完成，才是让人敬佩的年轻人，就像把信送给加西亚的罗文一样。

这本书不能简单地被认为是一首歌颂英雄的赞歌，而应该被看成是一本成功励志的佳作，值得每一个有梦想的人去读，并且把"敬职敬业，自动自发"作为做人做事的标准。

原版作者序

1899 年 2 月 22 日——华盛顿的诞辰日——我们准备出版三月份《菲士利人》，我写了一本小册子，就是这本——《把信送给加西亚》，它是我在晚饭后写成的，仅仅用了一个小时的时间。

在劳累了一天之后，我提笔写下了这本让我心潮澎湃的小册子。当时我正在努力教育那些行为不良的市民提高觉悟，不要再浑浑噩噩、无所事事，要重新振作起来，开创新的生活。

尽管我的选题灵感是来自于喝茶时的一个小小的辩论，但却给了我一个很大的触动，它暗示我应该为此做些什么。我最亲爱的儿子认为罗文是古巴战争中真正的英雄，罗文只身一人前往古巴，完成了一件非常了不起的事——把信送给了加西亚将军。

罗文的形象就像火花一样在我脑中绽放！是的，我的儿子是对的，英雄就是出色地完成了自己工作的人，英雄就是能够将信送给加西亚的人。我知道我要做点什么了，于是我从桌子旁跳了起来，洋洋洒洒，一挥而就写下了这本《把信送给加西亚》。紧接着，我毫不犹豫地就把这篇还没有标题的文章刊登在了当月的杂志上。

第一版很快售罄。不久，请求加印三月份《菲士利人》的订单就像雪片般飞来。要一打，要 50 份，要 100 份……当时，美国新闻公司甚至一下子订购了 1 000 份，这真的出乎我的预料了，我问我的助手："究竟是哪一篇文章引起了这样大的轰动？"他说："是有关加西亚的那些材料。"至此我才恍然大悟。

第二天，纽约中心铁路局的乔治·丹尼尔居然也发来了一份电报：

> 订购 10 万份关于有罗文的文章的小册子……
>
> 请报价……
>
> 封底有帝国快递广告……
>
> 用船装运……
>
> 大概需要多长时间……

很快，我给了他报价，并且告诉他我们能够在两年时间内提供带有罗文的文章的小册子。也许你觉得这个时间有点长了，但是当时的印刷设备真的十分简陋，10 万册书可不是一个小数目，简直是一个可怕的任务。

我们按照丹尼尔先生的要求，重印了带有罗文的文章的小册子。最后的结果是，丹尼尔先生居然销售出近 50 万本这样的小册子，其中的两三成都是由丹尼尔先生直接销售的。除此之外，这篇《把信送给加西亚》在 200 多家杂志和报纸上转载刊登，陆续被翻译成了各种各样的文字在全世界流传。

正当丹尼尔先生热销《把信送给加西亚》的时候，俄罗斯铁道大臣西拉克夫亲王恰巧正在纽约。他受纽约政府的邀请进行访问，丹尼尔先生得以亲自陪同其参观纽约。

于是，亲王有机会看到了这本小册子，并对它产生了浓厚的兴趣。西拉克夫亲王回国之后，让人把此书译成了俄文，并且发给俄罗斯铁路工人人手一册。

至此之后，其他国家也纷纷效仿，相继翻译引进，这本小册子又迅速地从俄罗斯流向德国、法国、西班牙、土耳其、印度和中国。《把信送给加西亚》遍地开花，这是我从来没有想到过的事情。

在日俄战争期间，每一位上前线的俄罗斯士兵人手一册《把信送给加西亚》。日本人经常会在俄罗斯士兵的遗物中发现这样的小册子，他们断定这本小册子肯定是一件十分有价值的东西，于是，这篇文章又被日本人翻译成日文，因此又有了日文版。

日本天皇甚至下了一道命令：每一位日本政府官员、战场士兵乃至平民百姓都要人手一册《把信送给加西亚》。今天可能觉得太不可思议了，但是当时的确如此。

迄今为止，《把信送给加西亚》的印数已经高达4 000万册。可以肯定地说，在任何一个作家的有生之年，在任何人的文学生涯之中，还没有一个人可以获得如此成就，也没有一本书的销量可以达到这个让人叹为观止的数字！

历史往往就是由一系列的偶然事件组成，不是吗？

阿尔伯特·哈伯德

1913 年 12 月 1 日

原出版者手记

　　纽约东奥罗拉的罗依科罗斯特出版社的创始人之一——阿尔伯特·哈伯德，是一位坚强的个人主义者，他一生都在勤奋努力、坚持不懈地工作。然而，所有的一切于 1915 年与被德国水雷击沉的路西塔尼亚号轮船一同沉入了海底，一位从不气馁的斗士就这样结束了他的生命。

　　哈伯德于 1856 年出生在伊利诺伊州的布鲁明顿。这个地方后来因罗依科罗斯特出版社所出版、印刷、发行的优质出版物而闻名于世。在罗依科罗斯特出版社工作的日子里，哈伯德出版了两本杂志：《菲士利人》和《兄弟》。哈伯德思维敏捷，文思泉涌，实际上杂志中许多文章都是出自他的手。他还是一位演讲高手，在写作出版的同时，他还致力于公众演讲，他在演讲方面所取得的成就不亚于在写作出版方面的成绩。

　　《把信送给加西亚》来得太过猛烈了，从最初出版的那一刻起，就赢得了非同寻常的赞誉，这是阿尔伯特·哈伯德始料不及的。在《原版作者序言》中他描述了这种成功的盛况。

　　《把信送给加西亚》的内容并不复杂，故事中的那个送信的英雄，就是安德鲁·罗文——美国陆军一位年轻的中尉。当时正值美西战争爆发之际。美国总统麦金莱急需一名能够独自将信送给加西亚将军的人，这个任务十分艰巨，也十分重要，军事情报局毫不犹豫地推荐了罗文。总统听后，只说了"派他去"这三个字。

在没有任何护卫的情况下，罗文孤身一人出发了，一直到他秘密登上古巴岛，古巴的爱国者们才给他派了几名当地的向导。在整个送信的过程中，经历了无数的惊险，甚至几次与死神擦肩而过。然而事后罗文自己却谦虚地说，当时仅仅是受到了几名敌人的包围，他只是设法从中逃出来，并把信送给了加西亚将军，比起生命来说这个太重要了。

整个送信的过程中，有许多意想不到的困难处境，但是，在这位年轻中尉心中只有一个目标——把信送给加西亚，他迫切希望完成这一任务，心中装有绝对的勇气和不屈不挠的精神。在他自动自发的努力之下，他真的做到了。为了表彰他所做的贡献，美军高层领导为他颁发了奖章，并且高度称赞他说："这项任务异常艰巨，但是我认为罗文中尉表现出的英勇无畏的精神将永载史册！"美国麦金莱总统贺信的最后一句话是："你勇敢地完成了任务！"

罗文出色地完成了任务当然毫无疑问，但是值得人们深思的是，罗文为什么会取得成功？我认为罗文取得成功最重要的因素并不是因为他杰出的军事才能，而是在于他优良的道德品质。因此，英勇无畏的罗文精神将永载史册！

上篇 把信送给加西亚

下篇　**做自动自发的人**

上 篇

把信送给加西亚

　　告诉我，谁将把信送给加西亚？

　　磨难是走向成功的必经之路。杰出的人都是能够经受各种磨难的人。

　　主动要求承担更多的责任，或自动承担更多的责任是成功者必备的素质。

　　敷衍了事的工作会伤害你的雇主，但受伤害更深的是你自己！

第一章
谁将把信送给加西亚

　　能把信送给加西亚的人是很稀少的。很多人满足于平庸的现状，在推诿、偷懒、取巧中应付着每一天。其实，生活需要的不是问题，而是解决问题。

◎把信送给加西亚

在我所知道的所有与古巴有关的事情当中，有一个人的不朽形象始终让我难以忘怀。

1898 年，美西战争[①]爆发之后，美国需要马上与西班牙反抗军首领加西亚将军取得联系，但是加西亚将军隐藏在古巴的崇山峻岭之中。没有人知道他确切的藏身地点，与他联系上更是难上加难。

然而，战事的发展，迫使美国总统必须想尽一切办法与加西亚将军联系上。

这可怎么办呢？

这个时候，有人向美国总统麦金莱[②]推荐了一个人，推荐人

---

① 美西战争：美西战争是美国为夺取西班牙属地古巴、波多黎各和菲律宾而发动的战争。1898 年 2 月 15 日，美国派往古巴护侨的军舰"缅因"号在哈瓦那港爆炸，美国以此事件为借口，于 4 月 22 日对西班牙采取军事行动。

② 美国总统麦金莱：威廉·麦金莱 (1843.1.29–1901.9.14) 是美国第 25 任总统，他在位期间发动了美西战争。战争的结果是夺取了原本属于西班牙的古巴、波多黎各、菲律宾、关岛；并且吞并了夏威夷。他曾派兵参加了"八国联军"大肆掠夺中国的恶行。

说："我们的军队中，有一个名叫罗文的人，如果有人能找到加西亚将军的话，那么非他莫属。"

于是，他们将罗文叫了过来，交给他一封写给加西亚将军的信。那个名叫罗文的人，拿了信，将信装进一个油纸袋里，打好封，吊在胸口藏好就出发了，三个星期之后，他徒步穿越了一个危机四伏、战火纷飞的国家，将信交到了加西亚将军手上。罗文送信的细节与艰辛都不是我想说的，我想说的是，美国总统将写给加西亚的信交给了罗文，罗文接过信之后，并没有问："加西亚将军在哪？"

像罗文这样的人，我们应该为他塑一座不朽的丰碑，放在每一所大学校园里。对于年轻人来说，他们产所需要的不仅仅是学习书本上的那些知识，也不仅仅是聆听他人的种种教诲，而是需要一种敬业主动的精神。对于上级交给的任务，能够立即行动，全力去完成，才是让人敬佩的年轻人，就像把信送给加西亚的罗文一样。

如今，当年的加西亚将军已经不在人世了，但是我们还能遇到其他的"加西亚"。战争年代需要罗文这样的人，和平年代更需要。在一家人数众多的大企业，大部分人碌碌无为，要么没有能力，要么根本不用心，这太令人吃惊了。

可以说，懒散拖沓、没有激情、敷衍了事的工作态度，已经变成了一些公司里的常态。要想改变这种状况，除非你苦口婆心地劝解、威逼利诱地强迫，否则你真的拿他们没招，当然了，你可以祈求上苍，派一名天使相助，否则，这些人有的是闲工夫混时间。

不信的话，我们来设置一个场景，做个试验：

比如，你是某公司的老板，你正坐在办公室里。对面有 6 名职员正在等待你来安排任务。你随意将其中的一位叫过来，对他说："请把克里吉奥的生平做成一篇摘要，可以查一查百科全书。"

他会怎么表现呢？他会直截了当地回答"好的，我马上去办"吗？

我敢跟你打赌，他绝对不会，他会用满带疑惑的表情看着你，然后接连不断地提出：

克里吉奥是谁？

这个人还在世吗？

我需要查哪套百科全书？

那套百科全书放在哪儿？

按照程序，这是我的工作吗？

为什么不叫乔治去做呢？

这件事急不急？

我们为什么要查这个人？

我敢以 10 倍的赌注跟你打赌，在你回答了他所提出的问题之后，解释了如何去查那些资料之后，以及为什么要查的理由之后，这位职员才会走开，别以为他走开去查阅了。如果他有助手的话，他是去吩咐助手帮助他查了。他的助手也不可能是像罗文一样的人。于是这名职员会回来告诉你，查不到克里吉奥。当然，我也许会输掉赌注，但是那样的几率太小了，我相信自己不会输掉的。

事实上，如果你是个聪明的家伙，就不应该对那名职员解释，克里吉奥编在哪部百科全书里。你应该面带笑容地说："算啦，我自己来。"然后就自己去查了。

这种被动的做法，这种恶劣的品质，这种薄弱的意志，这种姑息的作风，有可能将我们的社会带到互相推诿，不干实事的危险境地。

如果你不能自动自发为了自己工作，又怎么能期待他人能够自动自发地为你工作呢？

表面上看来，任何一家公司都有几个不可或缺的职员，但事实真的是这样吗？如果你刊登一则招聘一名速记员的广告，应征的10个人之中，会有八九个人不会拼也不会写，更可怕的是这些人甚至认为不会这些也没有什么了不起的。

你能指望这样的人把信送给加西亚吗？

一家大公司的总经理指着一名职员对我说："你看那个职员。"

"看到了，怎么了？"我不解地问。

这名总经理摇摇头说："这个人是个精通业务的会计，如果我派他去市里办件小事，他或许能够完成任务，但是他非常有可能中途走进一家酒吧。而到了闹市区，他甚至会完全忘记自己来干什么的。"

你能派这样的人把送信给加西亚吗？

最近，我们经常会听到许多人大发同情心。他们对那些"收入微薄却毫无出头之日"以及"仅有温饱却无家可归"的人表示同情，同情者会觉得那些雇主丧尽天良，从而将他们骂得体无完肤。

但是，这些人难道没有看到，有些老板如何从满头黑发熬到了白发苍苍？即使老板们再苦口婆心都无法使那些不求上进的员工勤奋起来。这些人难道没有看到，有些雇主是如何以最大的耐心容忍那些当他一转身就投机取巧、敷衍了事的员工？

在任何公司和企业，经过一段时间，都会做一些常规性的调整。公司和企业的负责人经常会送走那些对公司没有什么贡献的员工，同时也迎来一些新的成员。无论公司和企业的业务如何繁忙，这种调整一直在进行着。当经济危机来临之际，就业机会不多的时候，这种调整非常有效。这种常规性的调整，让那些懒懒散散、马马虎虎的人另寻他路。这种常规性的调整，让那些敬职敬业、自动自发的人留了下来。公司和企业是要盈利的，因此每个老板都期望留下那些最优秀的员工——那些能够把信送给加西亚的人。

我认识一个十分精明的人，这个人虽然不笨，但是缺乏创造能力，对他人来说没有多大的价值。并且他总是偏执地认为老板正在压榨他，或者有压榨他的企图。

这个人既没有能力指挥他人，也没有勇气接受他人的指挥。如果你让他把信送给加西亚，他的回答肯定是："你自己去吧。"

我十分清楚，与那些身有残疾的人相比，这种头脑残疾的人完全不值得同情。相反，我们应该对那些用尽毕生精力去经营一家公司或企业的老板表示同情和敬意。他们不会和员工一样，下班的时间一到就放下工作。他们会努力使那些工作散漫、办事拖拉、投机取巧、不知感恩的员工有一份工作。员工们可否想一想，如果没有老板们的努力和心血，你或许要忍受饥饿的折磨，甚至无家可归，到处流浪。

我说得严重了吗？不！即使整个世界都变成贫民窟，我也要为老板们说几句公道话。这些成功者承受了太多的压力，他们具有强大的导引力量，冲破了重重障碍才获得成功。

反过来想，他们从成功中得到了什么呢？摇落一树繁华，除了必备的食物和衣服以外，真没有什么。

我曾为了填饱肚子而为他人工作，也曾为有一份事业当过老板，我深知两方面的酸甜苦辣。贫穷的确让人觉得不好受，贫穷不值得赞美，衣衫褴褛更不是潇洒，但并非所有的老板都像你想象的一样，是贪婪者、专横的代名词。这就像并非所有的人都有颗菩萨心肠^①一样。

我敬佩那些无论老板是否在办公室都努力工作的人，我敬佩那些能够把信交给加西亚的人。只需静静地把信拿去，不会提出任何愚笨的问题，更不会随手把信丢进臭水沟里，而是全力以赴地将信送到目的地。这种人永远不会被解雇，也永远不必为了要

---

① 菩萨心肠：佛经上说菩萨大慈大悲，普渡众生。后经常用以比喻善良的人。

求加薪而停工。

文明的进步，就是孜孜不倦地寻找这种人才的长久过程。

无论有什么样的愿望，这种人都能够实现。

在每个大都市、乡村、城镇，以及每个办公室、商店、工厂，他们都是最受欢迎的人。社会上亟需这种人才，这种能够把信送给加西亚的人才。

告诉我，谁将把信送给加西亚？

◎贬损别人就是低估自己

假设林肯①的所有信件和演讲资料全部失传，但只要那封写给胡克将军的信被保存下来，我们就能清楚地洞悉伟大的林肯那不同常人的崇高思想。

通过林肯写给胡克将军的信，我们不仅可以了解到林肯那种难能可贵的自制精神，而且也能了解到林肯是如何客观地驾驭别人的。这封信向人们展现了一个慈爱、率直、智慧、老练的天才外交家和一个胸襟宽广的伟大总统。

说林肯胸襟宽广，因为在此之前，胡克将军曾经粗鲁地攻击过自己的总司令——林肯总统，攻击的言辞非常刻薄，许多地方都有失公允，与此同时，他还羞辱自己的上司伯恩赛德，伯恩赛德和林肯算得上是挚友。看来说上司的坏话是胡克将军的一个毛病。对于此事，林肯当然也是知道的，但是，他并没有耿耿于怀，他敬佩胡克的军事才能，为了让胡克将军充分发挥自己的军事才能，林肯提拔了他，让他取代了他曾经攻击过的上司伯恩赛德。

---

① 林肯：美国第16任总统。他领导了美国南北战争，颁布了《解放黑人奴隶宣言》，维护了美联邦统一，使美国进入经济发展的黄金时代，被称为"伟大的解放者"。

也就是说，被误解的人（林肯自己）提拔了误解自己的人（胡克将军），使之取代了自己的挚友（伯恩赛德）。

林肯之所以这样做，完全是从大局考虑，将自己的个人恩怨置之度外。当然，这样做要有一个基本的前提，那就是要让被提拔的人了解真相，并且能够发挥自己的才能，做自己该做的事。于是，林肯以一种心平气和的态度给胡克将军写了一封信，理智地消除自己和胡克间的误会。

下面我们将这封信的全文抄录如下：

胡克少将：

我准备任命你为波托马克军司令。我做这样的安排，是有充分的理由的。但是，我需要说明的是，我对你的某些做法，并不十分满意。

但是你作为一名军人，骁勇善战，对此，我是十分欣赏的。

我相信你不会将自己的职业与政治混为一谈，对此，我相信你能做到。作为一个军人，你在坚守职责方面，我是无可挑剔的。

我知道，你相当自信。我欣赏自信的人，自信虽然不是必不可少，但是其价值何止百万？

我知道，你血气方刚，雄心勃勃。如果你能将自己的这份豪情控制在恰当的范围之内，定然会大有作为。遗憾的是，在伯恩赛德作为你的上司期间，你的这份豪情成了一种障碍。在这一点上，你不够明智，你犯了一个大错，因为无论是从国家的角度，还是从这位战功卓著、值得尊敬的将军的角度，你都太过刻薄了。

最近，我听说你到处发表这样的观点：军队和政府都需要一位真正的独裁者。我相信你的确说过这样的话。这次，我能对你委以重任，虽然有这方面的因素，但不仅仅如此，更重要的是在我看来，只有那些建功立业的将军才有可能成为真正的独裁者。现在，我要求你取得军事上的胜利，虽然我冒着失去总统这一职位的危险。请你相信，政府一定会全力以赴支持你，即使不比以往多，也绝不会比以往少，政府能够对所有的将军都一视同仁，这一点请你放心。但是，你那对自己的上司指手画脚的毛病我希望改一改，否则会影响他人的情绪，而且我担心这种坏毛病会应验到你的身上，你难道希望你的手下整天在你的背后说三道四，指手画脚吗？我会尽自己所能帮助你抑制这种坏毛病。如果对你放任自流，即使是拿破仑再生，都不会出现转机！

就是现在，克服你的轻率与浮躁，勇往直前，去争取胜利吧！

此致

敬礼

林肯

于华盛顿

1863 年 1 月 26 日

这封信不长，但是却值得我们深思，一片有毒的土壤里，只能长出类似龙葵 ① 的致命毒物。在一个团体里也是这样，那种到

---

① 龙葵：茄科。一年生草本植物，中医学上以全草入药，性寒，味苦，有毒。

处加以嘲笑、吹毛求疵、抱怨和批判的人制造了有毒的土壤，同时他们又是有毒的土壤中长出的类似龙葵的致命毒物。

当然，无论是谁，要想做点事情，毫无疑问会受到批评、中伤和误解。就像中国古人所说的："故天将降大任于斯人也，必先苦其心志，劳其筋骨，饿其体肤，空乏其身。"

磨难是走向成功的必经之路。当然，杰出的人都是能够经受各种磨难的人。杰出的人首先要有极强的自我克制力。这一点，林肯做到了，他知道每一个生命都有它存在的理由，每一个人都有他的闪光点。但是，林肯也不是那种只看见他们优点看不见缺点的人，他也让胡克将军意识到，如果放任自己的坏习惯，必会自食其果。就像信中写到的："如果对你放任自流，即使是拿破仑①再生，都不会出现转机！"这就是说，一个人的坏习惯会影响到别人，别人也深受其害，但受害最多的还是自己。

不久前，我遇到一名放假回家的耶鲁大学②的大学生，通过交谈，我可以断言他根本代表不了真正的耶鲁精神。这名大学生对学校的制度满是牢骚，言辞中充满了批评和抱怨。学校的最高

---

① 拿破仑：拿破仑·波拿巴（Napoleon BonaParte，1769 年 8 月 15 日至 1821 年 5 月 5 日）法兰西第一共和国第一执政 (1799-1804)，法兰西第一帝国及百日王朝的皇帝 (1804-1814，1815)。法兰西共和国近代史上著名的军事家、政治家，曾经占领过西欧和中欧的大部分领土，使法国资产阶级革命的思想得到了更为广阔的传播，在位期间是法国人民的骄傲，直至今日一直受到法国人民的尊敬与爱戴。

② 耶鲁大学：坐落于美国康乃狄格州纽黑文市的私立大学，始创于 1701 年。该校教授阵容、学术创新、课程设置和场馆设施等方面堪称一流。

领导校长当然是他主要指责的对象，指责中他列举一系列的事实和数据，甚至有明确的时间和地点，描述得绘声绘色，细致入微。

听上去是那么的确有其事，但是，很快我就发现问题所在，问题不是出在耶鲁大学身上，而出在这名大学生身上。他根本就没有与自己的大学融为一体，所以处处格格不入，这样当然不能从中受益，只能是满腹牢骚。耶鲁大学或许真的算不上是一所完美的大学，我想这一点耶鲁大学的校长和耶鲁大学的其他领导也都会承认。但是耶鲁大学并不是一无是处，它的确有自己独特的优势，而这些优势是否能得到充分的利用，在于学生本身。

如果你是一名大学生，就应该充分利用学校现有的资源。另外，要衷心地给予学校同情和忠诚，有所施才有所获。你是学校的一分子，你要以自己的学校为骄傲，要与那些尽职尽责的老师站在一起。如果说学校真的有很多缺陷，那么你不应该只是到处指责，而是应该每天努力学习，给他人树立榜样，齐心协力将学校办好，做好自己的事。

如果你是一名员工，你所就职的公司有些问题。首先是老板，你的老板刻薄古怪。你不应该背后指责和抱怨，最好是走到老板面前，心平气和地告诉他："我认为，你是一个刻薄古怪的人，你的管理方法有很多漏洞，错误不断。"并且提出你的一些中肯的意见。你甚至可以自告奋勇地去帮助他，帮助老板去处理那些不为人知的管理漏洞。

想好了就去做！如果由于种种原因使你无法达到自己的目的，那么在坚持和放弃之间，你需要做一个选择。你只能二者择其一，开始你的选择吧！

如果你是在为一个人工作，那就以上帝的名义：为他工作！做好自己的事！

如果他是付给你薪水的人，为你解决了温饱，那你就应该努力地为他工作，并且称赞他，支持他，站在他的立场考虑事情。

我常常想，如果我是在为一个人工作的话，我就会心甘情愿地努力为他工作。我不会一会儿支持他，一会儿反对他。如果你不能全心全意、持之以恒地做好自己的事，那么干脆什么也不要做。

如果能够捏起来称量的话，一盎司忠诚就可以等于一磅的智慧。

如果你无法控制自己不去中伤、非难和轻视他人的话，为什么不干脆辞职呢，然后以旁观者的心态审视自己的内心。我求你了，既然你已经身在其中时，就不要再诽谤他了，贬损别人也就是低估了自己。事实上，当你贬损别人时，就等于在贬损自己。值得提醒的是，当你慢慢松开那些看似捆绑自己的纽带时，一股强风就会乘机而来，你甚至会被连根拔起，落入暴风雨中——你可能自己都不知道这是为什么。

到处都能看见失业的人。和这些人交谈时，你会发现他们充满了抱怨、指责和诽谤。这就是他们失业的原因，这种吹毛求疵的性格使他们摇摆不定，也使他们的发展道路越走越窄，最后只能是一事无成。这些人上班的时候与公司的理念格格不入，对公司没有什么大价值，最终不是他们自己离开，公司也会让他们离开。每一个公司老板总是不断地在寻找能够助自己一臂之力的人，同时也在观察那些没有多大价值的人——任何对公司发展形成阻碍的人最终都要被踢掉。

不要贬损别人，这就是商业法则，是建立在自然法则的基础上的商业法则。奖赏只会给那些有用的人。想成为有价值的员工，就必须对公司保持同情心与忠诚。

你可以以一种温和的态度告诉你自己的老板，他是一个刻薄的人，他的管理存在一些漏洞，而没有必要到处贬损他，激起他的不满，更没有必要与他争吵，让他开掉你。

如果你到处对其他人说自己的老板是个刻薄的人，那么也就表明你自己也是个刻薄的人；如果你到处对他人说自己公司真的无可救药，那么也就说明你同样无可救药。

尽管胡克有种种缺点，但是他依然得到了提拔。然而，你怎么会像胡克那么幸运，刚好你的雇主也有林肯那样宽容大度的胸襟？话又说回来，如果胡克不改变自己的缺点，即使是林肯也无法永远保护他。如果胡克战败了，林肯就会用其他人取而代之，林肯会找一个更沉着冷静，一个从不妄加评论、从不抱怨他人（甚至敌人）的人来为自己服务。这个人会恰如其分地控制自己的言论，做自己应该做的事，以绝对的自信、极度的忠诚和无私的奉献精神，做着胡克将军没有做过的事。

◎ "你属于哪一种人呢？"

我们常常能听到以下耳熟能详的话语：

现在是午休时间，你3点以后再打过来吧。

那不是我的工作。

我很忙。

那是汉曼的工作。

我不知道该如何回答你。

你试过去图书馆吗？

对不起，这件事我们现在办不了。

你还可以多补充一些吗？

……

记得有一次，我到一家百货商店去购买一件东西。进门后，我就走到自己想买的那个东西的柜台，可是店员却把我带到了另外一个柜台。你知道吗？在我买到那件东西之前，我被带到了不同的四个柜台。如果能有人在商店的某处贴出一张杜鲁门①总统的座右铭：责任到此，不能再推！那将是多么振奋人心啊！

当然，在这些司空见惯的话语和令人困惑的推诿之外，我们也看到了另外一些与之相反的情形。

斯拉是一家大公司的办公室打字员。一天，同事们出去吃饭了，恰好董事达斯经过他们部门时停了下来，想找一些信件。这并不是斯拉分内的工作，但是她欣然答道："对此信我一无所知，但是达斯先生，让我来帮助您处理这件事情吧！我会尽快找，尽快将它给你送去。"当她将达斯所需要的东西放在他面前时，达斯很满意。

故事到这里并没有结束。四个星期后斯拉被提升到了一个更重要的部门工作，并且薪水提高了30%。而她的推荐人就是那位董事。在一次公司管理会上，有一个更高职位的工作空缺，他又推荐了她。

世界上很少有报酬丰厚却不需要承担任何责任的好事。想要一时不负责任当然有可能，但是要想永远不负责任可得付出巨大的代价。当责任从前门进来时，你却从后门溜走，你失去的是伴随责任而来的机会！对大多数的职位而言，报酬的多寡和所承担的责任轻重有很大的关系。

主动要求承担更多的责任，或自动承担更多的责任是成功者

① 杜鲁门：美国第33任总统，任期内，1945年对日本使用原子弹而使第二次世界大战迅速结束。1947年提出"杜鲁门主义"，1948年批准以扶植欧洲为目的的"马歇尔计划"。1953年卸任回乡。

必备的素质。大多数情况下，即使你没有被正式告知要对某事负责，你也应该积极努力做好它。如果你表现出能胜任更重要的工作，那么相应的报酬就会接踵而至。

在英文中，代价最高的三个字就是：我没空！（I haven't time）没有空，你就可以放弃和家人相聚的快乐吗？没有空，你就可以忽略那些日益恶化的缺陷吗？没有空，你就可以忽略身体对休息和运动的需要吗？无论什么情况下，都别让"我没空"三个字使你没法完成有助于你获得幸福的事。

有两种人永远无法获得成功：一种人是只做别人交代的事，另一种人是做不好别人交代的事。哪一种情况更糟，实在难说。总之，他们会成为首先考虑被裁掉的人，或是被调到卑微的工作岗位上耗尽终生的精力。

用上面所说的任何一种方式做事，或许可以轻松一时，却永无成功之日。在工业时代，虽然听命行事的能力很重要，但个人的主动进取精神更受重视。一旦决定哪些该做，就应该立刻采取行动，不必等别人来交代。清楚公司的发展规划和你的工作职能，就能预知该做些什么，然后大胆去做！

有一种东西，获得了普遍的褒奖，不仅是金钱还有荣誉，那就是主动性。什么是主动性呢？主动性就是没被人告知具体详情，就着手去做。就像把信送给加西亚的罗文。送信的人得到了极高的荣誉，虽然他们的收入并不与此成正比。

还有一些人，会至少被告知过两次后才着手去做事情，这类人注定得不到荣誉也得不到金钱。仅次于主动去做应该做的事情的人，应该是当有人告诉你怎么做后，立刻去做。

　　还有一类人，只有当他们被贫穷逼迫得没有办法时，才会去做事。这类人让人看不起，收入当然也十分微薄，勉强度日而已。这类人一生中大部分时间都在盼望幸运之神降临到自己身上，甚至天天空想着能够中 500 万美元的彩票。比他们稍微好点的人，会在被人从后面踢一脚时，去做他应该做的事，这种人大半辈子都在辛苦工作中度日，在不停地抱怨老板。

　　然而，还有比上述几类人更为严重的人。这类人简直无可救药，即使别人走到他们面前，向他们示范，并且停下来督促他，他们仍然不用心做事。这样的人总是失业，总是被别人藐视。通常情况下，噩运会耐心地在拥挤的人群中的一隅等待着他们。

　　问问自己吧，"你属于上面哪一种人呢？"

◎每一件事情都有深刻意义

卢浮宫[①]里收藏着这样一幅画：画面描绘的是女修道院厨房里的情景。画面上正在工作的不是普通人，而是几个天使。一个天使正在架水壶烧水，一个天使正优雅地提起水桶，还有一个天使穿着厨衣，伸手去拿盘子。这些都是日常生活中最平凡的事，天使们却全神贯注地做着。

行为本身并不能说明什么，行动之时所呈现出来的精神状态说明了一切。工作是否单调乏味，往往取决于工作时的心境和看法。

将人生目标贯穿于整个生命，你在工作中所持的精神状态，使你与周围的人区别开来。日复一日，年复一年，你的工作状态或者使你的思想更开阔，或者使你的思想更狭隘；或者使你的工作变得更加高尚，或者使你的工作变得更加低俗。

每一件事情对人生都具有深刻的意义。如果你是一名砖石工或泥瓦匠，可曾在砖块和砂浆之中看出一点诗意？如果你是一名图书管理员，经过辛勤的工作，在整理书籍的空闲中，可曾感觉

---

① 卢浮宫：是世界上最古老、最大、最著名的博物馆之一。位于法国巴黎市中心的塞纳河北岸（右岸），始建于 1204 年，历经 800 多年扩建、重修。

到自己的一些进步？如果你是一名学校的教师，可曾对按部就班的教学工作感到厌倦？也许你一见到自己亲爱的学生，你就变得有耐心、有热情起来了，早已把厌倦抛到九霄云外了。

以他人的眼光来看待我们所从事的工作，或者用世俗的标准来衡量我们的工作，工作或许真的就是毫无生气，单调乏味的，没有任何意义，没有任何吸引力可言。这就好比我们从外面去看一个大教堂的窗户。看上去大教堂的窗户布满了灰尘，颜色灰暗，给人以单调和破败的感觉。但是，一旦我们跨进教堂的门槛，走进教堂，就会有另一番景象，可以看见绚烂的色彩、清晰的线条，温暖的阳光穿过窗户洒满了整个教堂，形成了一幅幅和谐而美丽的图画。

因此，我们可以得到这样的启示：从表象上看待问题总是有局限的，我们必须从内部去观察才能看到事物的本质。有些工作只从表象看也许索然无味，但一旦深入其中，就会发现其意义所在。因此，无论怎样，每个人都应该从工作本身去理解工作这件事，将它看作是人生的权利和荣耀。只有这样，才能找到人生的真谛。

每一件事都值得我们去思考，不要小看自己所做的每一件事，即便是最普通的事，也应该全力以赴地去完成。能顺利完成小任务，才有能力去接受大任务。一步一个脚印地向上攀登，便不会轻易跌落谷底。通过工作获得真正力量的秘诀就在于此。

◎拖沓是对惰性的一种纵容

懒惰的人不是因为病了，就是因为还没找到自己喜欢的工作。没有天生的懒蛋，人总是期望有事可做。大病痊愈的人，总是希望能尽快起床，能四处走动，能回到工作岗位上做事——做任何事情都比躺着快乐得多。

懒散会引起无聊，无聊也会导致懒散。相反，工作可以激起人的热情，热情则促成积极性和进取心。

克莱门特·斯通说过："理智无法控制情绪，相反行动才能改变情绪。"所以，选择你最擅长、最愿意投入的事，然后全力以赴付诸行动吧！

许多人都曾有过这样的想法："我的老板太苛刻了，根本不值得我卖力为他工作。"其实，这些人忽略了这样一个道理：敷衍了事的工作会伤害你的雇主，但受伤害更深的是你自己。一些人绞尽脑汁逃避工作，却不愿花相同的精力努力工作。他们以为自己是在愚弄老板，其实，他们愚弄的只是自己。老板或许真的并不了解每个员工的表现或熟知每一份工作的具体细节，但是一位优秀的管理者很清楚，员工努力和没有努力所产生的最后结果是什么样。可以肯定的是，升迁和奖励是不会落在那些想尽办法逃避工作的人身上的。

如果你想得到他人的称许和赞扬，得到老板的器重，就要永远保持勤奋的工作态度，与此同时，你还会获取一份最可贵的资产——自信，以自己所拥有的才能赢得一个人或者一个公司的器重的自信。

勤奋会激起人的自信，懒惰会吞噬人的心灵，使心灵对那些勤奋之人充满嫉妒。

那些思想狭隘、愚蠢和懒惰的人只注重事物的表象，无法看透事物的本质。他们只相信运气、机缘、天命之类的东西。他们看到别人发财了，就会说："他那是运气好！"他们看到他人知识渊博、聪明机智，就会说："他那是天生的。"他们发现有人德高望重、受人尊敬，就会说："那是机缘巧合罢了。"

他们不曾亲眼看见那些人在追求理想的过程中经受过怎样的考验与挫折；他们对黑暗与痛苦或是逃避或是视而不见，光明与喜悦才是他们注意的焦点；他们不明白这样的一个简单道理：没有付出极大的代价，没有不懈的努力，没有克服重重困难，是根本无法实现自己的梦想的。

任何人都不能例外，只有经过不懈努力才能有所收获。收获的成果大小，取决于这个人努力的程度，机缘巧合只能获取一时的成功，不能永远成功。

拖沓是懒惰之人的一个重要特征。把前天就该完成的事情拖延到后天再去做，是一种很坏的工作习惯。拖沓是最具破坏性的。对一位渴望成功的人来说，拖沓是最危险的恶习，它使人丧失进

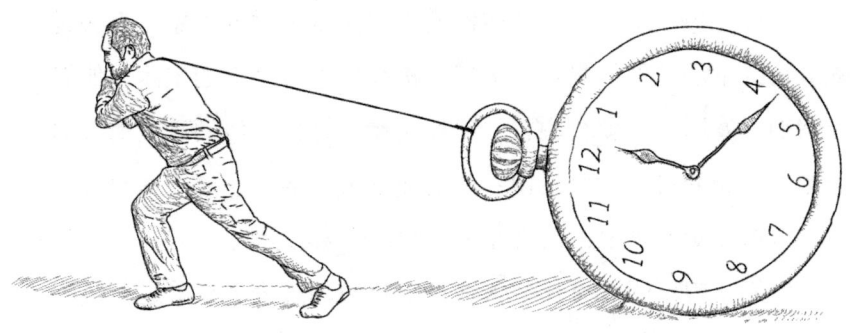

拖沓是懒惰之人的一个重要特征。

取心。一旦你允许自己拖延，就很容易再次拖延，直到变成一种根深蒂固的恶习。解决拖沓的唯一妙招就是立即行动。当你开始着手做事，不管是什么事，你就会惊讶地发现，拖沓已经逃走，处境正迅速改变。

习惯性的拖沓者，是制造借口与托词的专家。如果你存心拖延逃避，你就能找出成千上万个理由来辩解为什么不能马上去完成任务，而对事情应该马上完成的理由却没有好好思考。把事情"太困难""太昂贵""太花时间"等种种理由合理化，比相信自己只要"更努力""更聪明""更有信心"就能完成任何事的念头容易多了。

拖沓的人无法接受承诺，只能找到借口。如果你发现自己经常为了没做某些事而找借口，或想出千百个理由为事情未能按计划进行而辩解的话，最好自我反省一下。别再做一些连自己都说服不了的解释了，赶紧动手去做吧！

不要觉得拖沓离你很远，拖沓在日常生活中随处可见，如果你将一天时间记录下来，就会惊讶地发现，拖沓是对生命的挥霍，拖沓正在不知不觉地消耗着我们的生命。

拖沓与懒惰密不可分，人之所以拖沓，是惰性在作怪，每当自己要付出劳动时，或要做出抉择时，作怪的懒惰总会为自己找出一些借口来说服自己，总想让自己舒服些、轻松些。面对作怪的懒惰，有些人能主动地面对挑战，果断地战胜惰性；有些人却深陷于"蘑菇"战中，被主动和懒惰拉来扯去，手足无措，无法定夺……时间就这样一分一秒地浪费了，生命就这样一分一秒地被挥霍掉了。

人人都有过这样的经历，清晨，闹钟声将你从睡梦中醒来。你想着今天为自己所订的计划，同时却享受着被窝里的温暖。一边不断地对自己说：该起床了。一边又不断地给自己寻找借口：再等一会儿。于是，在忐忑不安中，在半睡半醒中，你又躺了5分钟，10分钟，甚至30分钟……

拖沓是对惰性的一种纵容，一旦让它形成习惯，就会慢慢消磨人的意志，使你越来越懒惰，越来越对自己失去信心，怀疑自己的耐性，怀疑自己的目标，甚至会影响自己的性格，让自己变成一个优柔寡断的人。

反过来说，拖沓有时候又是因为考虑过多、犹豫不决造成的。

做任何事情，适当的谨慎是有必要的，但过于谨慎就没必要了，优柔寡断更会错失很多机会。像早上起床这样的事，是没有必要考虑那么久的。我们要想尽一切办法立即行动，在知道自己要做一件事的时候，就立即动手，绝不给自己留一分钟的思考余地。千万不能让主动与惰性拉开开战的架势。对付惰性最好的办法就是把惰性扼杀在摇篮中。我们在做事情的时候，一开始，往往是积极的想法先冒出来，然后脑中会冒出"这样做事不是会……"的问题出现时，惰性就出现了，"战争"也吹响了号角。一旦开仗，最终的结果就很难说了。所以，要在积极的想法一出现时，就马上行动，让惰性没有位置可占，没有机会可乘。

借口愈多，工作愈差，这是一件非常奇怪的事。那些一天到晚只想着如何拖沓的人，如果能将挖空心思欺瞒他人的精力及创意的一半用到做事上，他们就有可能取得不俗的成绩。

　　把你应该在上星期、去年甚至十几年前做的事情拖到明天去的坏习惯从自己的个性中根除吧。因为它正在啃噬你的心灵，摧毁你的意志，除非你革除了这种坏习惯，否则你将难以取得任何成绩，更不会有好的前途。可以克服这种恶习有许多方法，不妨一试：

　　首先，每天从事一项明确的工作，而且不要等着别人的指示，要积极主动地去完成；

　　其次，尽可能地寻找，每天至少找出一件对其他人有价值的事情，而且不期回报地去做；

　　最后，每天要将养成这种主动的意义告诉别人，至少要请一个人分享你的感受。

第二章
如何把信送给加西亚
——安德鲁·罗文自述

送信人罗文通过他不畏艰险的精神，非常出色地完成了任务，正如许多公司中那些孜孜不倦、埋头苦干的员工一样，他们的敬业精神推动了公司的发展。

◎拿到信火速前往牙买加

美国总统麦金莱向情报局局长阿瑟·瓦格纳上校问道："到哪里能找到把信送给加西亚的人？"

上校不假思索地答道："有这么一个人，一个年轻的中尉，他叫安德鲁·罗文①。如果有人能把信送给加西亚将军，非他莫属。"

"派他去！"总统只说了这三个字。

当时，美国正在与西班牙交战，总统急切地希望取得这次战争的胜利。他认为只有美国军队与古巴的起义军密切配合才能取得胜利。但是，前提是要掌握西班牙军队在岛上的部署情况，包括兵力、军官尤其是高级军官的情况，还包括古巴的地形、路况等，以及西班牙军队和起义军及整个国家的医疗状况、双方的装备，等等。除此之外，他还希望了解在美国部队集结期间，古巴起义军怎样才能困住敌人，需要美国提供什么样的帮助，以及与这次

---

① 安德鲁·罗文：是《把信送给加西亚》的主角，他的故事随着出版家阿尔伯特·哈伯德的名篇而广泛流传，他成了这样的员工的代名词：充满着主动性、责任感和忠诚。

战役相关的其他情报。

上校的推荐很干脆。总统的命令也很干脆，就三个字。因为根据当时的情况来看，找到能把信送给加西亚的人至关重要。下面是送信人罗文的自述：

一小时以后，正午时分，瓦格纳上校通知我下午一点钟到军部里去一趟。到了军部，见到了瓦格纳上校，但是上校什么也没说，只是把我带上了一驾马车，车棚遮得严严实实的，车里光线幽暗，空气也很沉闷，这时，上校打破了沉默，问道："下一班去往牙买加的船何时出发？"

我迟疑了一下，然后回答道："一艘名为安迪伦达克的轮船明天中午将从纽约起航。"

"你能赶上这艘船吗？"上校急切地问。

我以为不过是在开玩笑，调节一下气氛，因为上校一向很幽默，于是我半开玩笑地回答："是的！""那么就准备出发吧！"上校面色严肃地说。我知道这不是一个玩笑，这是一个任务。

马车停在一栋特别的房子前，我与上校一起走进大厅。我在大厅等候，上校走进里面的一间屋子，过了一会儿，他走出来，招手让我进去。进去后，我才知道，美国总统麦金莱正坐在一张宽大的桌子背后等我。

"年轻人，"麦金莱总统说，"我选派你去完成一项特别的任务，也可以说是神圣的使命，需要你把这封信送给加西亚将军。他具体在哪里，我也不知道，他可能在古巴东部的一个地方等你。你必须把情报如期安全地送达，这件事事关重大。"

这个时候，我才意识到这个任务的重要性。任务就在眼前，困难也在眼前，我的人生正面临着一次严峻的考验。但是，作为一名军人，那种崇高的荣誉感充满了我的胸腔，这让我没有任何的犹豫和疑问。我静静地从总统手中接过那封信——给加西亚将军的信。

　　瓦格纳上校马上补充道："这封信有我们想了解的很多问题。除此之外，你要注意，一定要避免携带任何可能暴露你身份的东西。有太多这样的悲剧，我们没有理由再上演一次。大陆军的内森·黑尔、美墨战争[①]中的里奇中尉都是因为身上带着的东西而被捕了，他们不仅牺牲了自己的生命，更重要的是泄露了很多机密。这次行动绝不能失败，一定要确保万无一失。另外，我还要再次告诉你，没有人知道加西亚将军在哪里，你得自己想办法找到他。总之，以后所有的事全靠你自己了，只有你自己。"我点点头，我明白这将是对我最为严峻的考验。

　　瓦格纳上校继续说道："下午就去做准备，军需官哈姆菲里斯将送你到金斯敦上岸。之后，如果美国对西班牙宣战，许多战略计划都将根据你发来的情报制定，因为我们没有其他的信息来源。这项任务只能由你一个人去完成，你必须把信交给加西亚。乘火车午夜离开，祝你好运！"

　　接着，我和总统握手道别。

---

①　美墨战争：美墨战争是 1846 年至 1848 年美国与墨西哥之间爆发的一场战争。美国通过这场战争夺取了 230 万平方公里的土地，一跃成为地跨大西洋和太平洋的大国。

　　瓦格纳上校送我出门时，还叮嘱了一句："一定要把信送给加西亚！"我向他敬了一个军礼，然后转身离去。

　　我边做准备，边考虑这项任务的艰巨性，我了解其责任重大而且困难重重。现在战争还没有爆发，甚至我出发时也不会爆发，到了牙买加①之后，应该仍不会爆发，但是稍微有闪失都会带来无法挽回的后果。如果美国向西班牙宣战，我的任务反而减轻了，尽管危险不会减少。

　　当这种任务出现时，当个人荣誉甚至生命处于极度危险之中时，服从是军人的天职。军人的命运掌握在国家的手中，但他的名誉却属于自己。生命可以牺牲，荣誉却不能丢失，更不能遭到侮辱。我向来是按命令行事，不会有丝毫的差错。但是这一次，我却无法按照任何人的具体命令行事，我只有一个总的命令，那就是我得一个人想尽办法，把信送到加西亚的手中，并从他那里获得我们所需要的。

　　我与总统麦金莱及瓦格纳上校的谈话，我不清楚秘书是否记录在案。现在已经管不了那么多，任务迫在眉睫，我需要马上行动，我现在脑海里，反复思考的是：如何才能将信送给加西亚。

　　我乘坐的火车是中午12点零1分开。火车开车这天是星期六，但我出发时却是星期五。我不禁想起一个古老的迷信，说星期五不宜出门。我不知道这样的出行，是幸运还是不幸。但一想到自

---

① 牙买加：是加勒比海地区的一个岛国。牙买加一词，在印第安人阿拉瓦克族的语言里是"泉水之岛"的意思。

己肩负的重任，就无暇顾及那么多了。于是，就这样我开始了我的旅程。

前往古巴的最佳途径是通过牙买加，而且我听说在牙买加有一个古巴军事联络处，或许我可以从那里找到一些有关加西亚将军的消息。于是，我又乘上了阿迪伦达克号轮船，准时起航，一路上风平浪静，比我想象的要顺利得多。为了安全起见，我尽量不和乘客搭讪，但是还是认识了一位电器工程师。

他给我讲了一些十分有趣的事，还给我看了一些十分有趣的东西。由于我很少和其他乘客交流，于是他们就给我起了一个绰号"冷漠的人"，对于这个称号我受之无愧。

轮船很快就进入了古巴^①海域，我意识到危险正在一步一步逼近。我身上带有一些比较危险的文件，是美国政府写给牙买加官方证明我身份的信函。

如果轮船进入古巴海域前战争已经爆发，那么根据国际法，西班牙人肯定会上船搜查的，结果就是我将被逮捕，我就会成为一个战犯。而我们乘坐的这艘英国船也会被扣押，尽管战前它挂着一个中立国的国旗，从一个平静的港口驶往一个中立国的港口。想到问题的严重性，我知道我要采取一些措施，于是把文件藏到头等舱的救生衣里，直到看到船尾绕过海角，心里的大石头才落了地。

---

① 　古巴：正式名称为古巴共和国，是美洲加勒比海北部的一个群岛国家。它位于美国佛罗里达州以南，墨西哥尤卡坦半岛以东，牙买加和开曼群岛以北，以及海地和特克斯与凯科斯群岛以西。

第二天早上9点，我登上了牙买加的领土，然后就是四处寻找古巴军事联络处。牙买加是个中立的国家，古巴军人的行动是公开的，因此我很快就和他们的指挥官拉伊先生取得了联系。在联络处，我和指挥官及其助手一起讨论如何尽快将信送给加西亚将军。

4月8日，我离开华盛顿，4月20日，我用密码发出了我已到达的消息。4月23日，我收到了密电："尽快见到加西亚将军。"

接到密电后，我来到军事联络处的指挥部。在场的有几位流亡的古巴人，这些人我以前没见过。当我们正在讨论一些具体问题时，一辆马车驶了过来。

"时候到了！"一些人用西班牙语喊着。

我还没有来得及再说些什么，就被带到了马车上。于是，我服役以来最为惊险的一段经历就这样开始了。

◎有惊无险的第一段行程

马车夫看似是一个沉默寡言的人，根本不理睬我，我说什么他都不回答，只顾快马扬鞭。马车在迷宫般的金斯敦①大街上疯狂地奔跑着，速度快极了。这突然的行动，没有人向我解释一下，我心里憋得难受。当马车穿过郊区离城市越来越远时，我实在憋不住了，拍了拍马车夫，想和他说两句，但是他似乎根本没听见一般，继续赶他的车。

我知道，他应该是知道我将要把信送给加西亚将军，而他的任务就是尽快地把我送到目的地。

我几次想让他听我说两句，但是他根本不加理睬。于是我只好坐在马车里，任凭马车飞驰。

大约又走了4英里②的样子，我们进入了一片茂密的热带森林，然后又穿过一片沼泽，进入了平坦的西班牙城镇公路，最后马车停在了一片丛林里。直到这时，马车门从外面被打开了，我

---

① 金斯敦：牙买加首都，南濒加勒比海，北靠蓝山，是牙买加重要的港口城市。

② 英里：1英里≈1.6千米

迎面看到一张陌生的脸，他要求我在此等候另一辆马车换乘。

一切似乎早已安排好了，一句多余的话也不用说，一秒钟都没耽搁。这真是太让人惊讶了。

仅仅一分钟的时间，我又一次踏上了征途。

第二位车夫和第一位车夫一样，依然沉默不语，他尽职尽责地坐在车驾上，任凭马车飞奔，我知道，我跟他说话也是徒然，因此，我安静地坐在马车里，任由马车飞奔。我们过了一个西班牙城镇，来到了克伯利河谷，然后进入岛的中央，那里有条路直通圣安斯加勒比海的水域。

车夫一直默不作声。沿途我曾试图和他说话，但是他似乎听不懂我在说什么，甚至连我做的手势，他好像也不懂。我知道，整个飞奔的过程，我只能是个寂寞者了。随着地势的升高，我的呼吸也加快了。

太阳落山的时候，我们来到一个车站。

突然，我看见从山坡上有一个黑乎乎的东西在往下移动，那是什么？难道是西班牙当局预料到我会来，安排牙买加军官来审讯我？看到这幽灵般的东西出现，我就警觉了起来，脑子快速旋转，如果真的不幸被审讯，我该怎么办？结果是虚惊一场。一位年长的黑人一瘸一拐走到马车前，推开车门，给我送来了美味的炸鸡和两瓶巴斯啤酒。

这位老人讲着一口当地的方言，我只能隐隐约约听懂几个单词，但我能理解他说的意思，他是在向我表示敬意，因为我在帮助古巴人民获得自由。他给我送来吃的喝的，就是想表达自己的一份心意。

　　我与老人在攀谈，可是车夫却像是一个局外人，对炸鸡、啤酒，没有兴趣，对我们的谈话也毫不在意。

　　换上了两匹新马，我赶紧向黑人长者告别："再见了，老人家！"车夫用力地抽打着新换上的马。顷刻间，我们便以飞快的速度消失在夜幕之中。

　　虽然我知道自己所担负的任务非常重要，但依然被眼前的热带雨林吸引了。这里的夜晚和白天一样美丽，但是不同的是，阳光下的热带植物是花香的世界，而夜晚则是昆虫鸟兽的世界，这样的美景真是让人欣喜不已。

　　最为壮丽的景观，是夜幕降临时分，转眼间落日的余晖就被萤火虫和磷光所代替，这些光亮以怪异的美装点着整个森林。当我看到这一独特景观时，以为进入了仙境。

　　虽然眼前是美景，可是我时刻不能忘记自己的任务。一想到自己所肩负的使命，便任由这些美景在我眼前退去，马车继续向前飞奔着。只是马的体力有些不支了，有些跑不动了，飞奔的速度也慢了下来。突然间，丛林里响起了刺耳的哨声。

　　突然一伙人从天而降，马车停了下来，我们被一群全副武装的人包围了。在英国管辖的地方，遭到西班牙士兵的拦截，我并不畏惧，只是本来飞奔的马车，突然一下子停下，把我吓了一跳。牙买加当局的行动，可能会使这次任务失败。如果牙买加当局事先知道我违反了该岛的中立原则，就会阻止我的前往。要是眼前的这群人是英国军人该多好啊！

很快，我的紧张就消除了。在与之交谈一番之后，我们被放了，开始重新上路了。

1小时之后，我们的马车停在了一栋房屋面前，房间里闪烁着昏暗的灯光，但是却令人感觉十分地温暖，而且还有一顿丰盛的晚餐。这自然是联络处特意为我们准备的，对此，我十分满意。

当端上牙买加朗姆酒①的时候，我已经忘记了自己的疲倦，也感觉不到已经坐了9个小时、行程70英里，人马换了两班了，只感觉到朗姆酒那诱人的芳香。

饭后，从隔壁屋里走出一个又高又壮的人，此人看上去十分果断坚毅，留着长须，一个手指短了一截。露出可靠、忠诚的眼神。通过交谈得知，他是从墨西哥②来到古巴的，由于对西班牙旧制度提出质疑，被砍掉一个指头，并且流放至此。这个人的名字叫格瓦西奥·萨比奥，负责给我做向导，直到安全地把信送到加西亚将军手里，他的任务才算完成。另外，他还雇请了当地人将我送出牙买加。

休息1小时后，我们继续启程。大约行了半小时的路程，又有人吹口哨，我们只好停下来，下了车，悄悄地走过一英里布满荆棘的路，走进一个长满可可树的小果园。这里离海湾已经非常

①　朗姆酒：是以甘蔗糖蜜为原料生产的一种蒸馏酒，也称为兰姆酒、蓝姆酒。原产地在古巴，口感甜润、芬芳馥郁。

②　墨西哥：位于北美洲，北部与美国接壤，东南与危地马拉与伯利兹相邻，西部是太平洋，东部有墨西哥湾与加勒比海的阻隔。首都墨西哥城。

近了。

离海湾50码^①的地方，停着一艘渔船，在水面上轻轻晃动着。突然，船里闪出一丝亮光。我想这一定是联络暗号，因为我们是悄无声息地到达的，不可能被其他人发现。格瓦西奥马上做出回应，证明了我的判断。

于是，我和军事联络处派来的人匆匆告别，至此，我完成了给加西亚送信的第一段有惊无险的路程。

---

① 码：1码=45.72米

◎险象环生的第二段行程

我们涉水来到小船旁，上船后我们才发现，船舱里面堆放了许多石块，还有一捆一捆的长方形货物，但是这些东西也不足以使船保持平稳。

我们让格瓦西奥当船长，我和助手当船员。因为船里的巨石块和货物占了很大的地方，我们坐在里面感到很不舒服，但是没有办法，再艰难也得硬撑下去。

我向格瓦西奥船长说希望能够尽快走完剩下的3英里路程，格瓦西奥答应说一定尽力办到。他们热情周到的帮助，让我非常感激。格瓦西奥告诉我船必须绕过海岬，因为狭小的海湾风力不够，无法航行。

于是，我们很快就离开了海岬，正赶上微风荡漾，险象环生的第二段行程就这样启动了。

在离牙买加海岸3英里以内的地方，如果我不幸被敌人捉住，不仅无法完成任务，而且生命会危在旦夕。毫不隐瞒地讲，我的心里十分焦虑。如果我不幸牺牲的话，我唯一的朋友只有这些船员和浩瀚无边的加勒比海。

由此向北100英里便是古巴海岸，荷枪实弹的西班牙轻型驱逐舰^①经常在此巡逻。他们的武器比我们的先进，这一点是我后来了解到的。舰上都装有小口径的枢轴炮和机枪，船员们也都配有毛瑟枪^②。如果我们不幸与敌人相遇，他们随便拿起一件武器，就会让我们上西天。

但是，任何困难都不能阻止我，我必须成功，必须找到加西亚将军，必须亲手把信交给他。

我们的行动计划是这样的，日落以前要一直待在距离古巴海域3英里的地方，然后快速航行到某个珊瑚礁上，悄悄等待天明。如果我们不幸被发现，那也没有什么可怕的，因为我们身上没有携带任何文件，敌人找不到任何证据。当然，如果不幸被敌人发现了证据，我们可以将船凿沉，装满石块和货物的小船是很容易沉下去的，敌人想找到我们的尸体也不是容易的事。总之，我们知道前面的路也许会发生意外，但是我们已经做好了破釜沉舟的准备。

好不容易等到了天亮，海面上的空气清爽宜人。劳累了一天的我正想再小睡一会儿，突然格瓦西奥大喊一声，我们全都站了起来。顺着格瓦西奥手指的方向，可怕的西班牙驱逐舰正从几英里外的地方向这边驶来。我们无处可逃，就像一只等待宰割的羔羊一样，静静地等着狼的到来。在离我们不远的地方，他们用西

---

① 驱逐舰：19世纪90年代至今的海军重要的舰种之一，是以导弹、鱼雷、舰炮等为主要武器，具有多种作战能力。是现代海军舰艇中，用途最广泛、数量最多的舰艇。

② 毛瑟枪：由德国著名枪械设计专家彼得·保尔·毛瑟于1866年发明，1871年为德军正式采用。

班牙语命令我们停航。

我与船员早已经躲在了船舱里，只有船长格瓦西奥一个人在掌舵。我们的船长懒洋洋地斜靠在长舵柄上，将船头与牙买加海岸保持平行。他看上去镇定极了。船长头脑非常冷静，他觉得他可以让这些人认为他是一个从牙买加来的"孤独的渔夫"，如果这些人能够相信的话，就能蒙混过去了。

事情果然像他想象的那样。当驱逐舰离我们很近的时候，那位年轻舰长用西班牙语喊着：："钓着鱼没有？"

我们的船长也用西班牙语回答："不，可怜的鱼今天早上好像不想上钩！"

大鱼？对，大鱼，我们都是大鱼，只要被他们抓住的话，假如这位年轻舰长稍稍动动脑筋，再能够谨慎一点的话，今天早上，他就会抓到好几条"大鱼"，当然，如果我们不幸被抓的话，这个故事你们也就不会知道了。

当西班牙的驱逐舰离开我们有一段距离之后，格瓦西奥命令我们吊起船帆，并转过身来对我说："如果您累了想睡一会儿，那现在就可以放心地睡了，危险已经过去了。"我们相视一笑。

接下来的6个小时，我真的睡了个安稳觉。要不是阳光捣乱，在我眼前晃来晃去，我或许还会在石头上多睡一会儿，虽然在石头上睡觉并不是多么舒服的事。

我伸伸懒腰，与我同行的这些古巴人善意地用英语问我："睡得好吗？罗文先生！"我感激地点点头。烈日炎炎之下，把整个牙买加都晒红了，像一块红宝石一般。天空万里无云，像一块蓝宝石一般。岛的南坡到处是美丽的热带雨林，树木郁郁葱葱，简直就是一幅美妙神奇的风景画，而岛的北部却看上去那么的荒凉，与岛的南面形成了很大的反差。一大块乌云笼罩着古巴，我们焦急地看着它，希望它能散去，然而丝毫没有消失的迹象，其实越往前走，我的心情也像这片乌云一样，越来越凝重了。好在风力越来越大，非常适宜航行。船长格瓦西奥嘴里叼着根雪茄烟，愉快地和船员开着玩笑，他们看上去并不那么紧张。

乌云来了，总有散去的时候。大约下午 4 点左右，乌云消散殆尽。金色的阳光洒在西拉梅斯特拉山上，使之显得格外庄严而美丽。我们仿佛进入了艺术王国，沐浴在如诗如画的风景之中。这里山海相依、水天一色，这里花团锦簇，层林尽染，浑然天成，恐怕世界上再也找不到这样的美景了。谁能想到在海拔 8 000 英尺 [①] 的山上，竟然有绵延数百英里的绿色长廊呢。

我还沉浸在这美丽的景色之中，格瓦西奥下令收帆减速，我不解其意。他回答："我们离战区越来越近，我们要充分利用在海上的优势，避开敌人的视线，保证顺利行进。如果现在被敌人发现，只能是前功尽弃，弄不好还要白白送命。"

格瓦西奥说的有道理，我们急忙检查自己的武器。我只带了一支史密斯—威森左轮手枪，于是他们又发给我一支来复枪。船上的人都有了这种武器，我们的心里多少有了些底。水手们护卫

---

① 英尺：1 英尺 =30.48 厘米

着桅杆，可以随手拿起身边的武器准备战斗。我知道，这次任务中最为严峻的时刻到了。

到目前为止，感谢上天眷顾，我们的行程都是有惊无险的。但是，现在危急关头来了，如果被逮捕，就意味着死亡。对于一个军人来说，死亡没有什么可怕的。可怕的是付出了这么大的努力，给加西亚将军的信还是没有送到。

我们离岸边大约还有 25 英里，但看上去好像近在咫尺一般。午夜时分，船帆开始松动，船员们开始用桨用力地划船。恰好一个巨浪袭来，没有费多大力气，小船便被卷入一个隐蔽的小海湾。我们几个摸黑把船停在离岸 50 码的地方，我建议大家立即上岸，要跟敌人抢时间。但格瓦西奥想得更为周到，他不紧不慢地对我说："先生，我们现在是腹背受敌，最好是原地不动。如果我们遇见的那艘驱逐舰反应过来，想打探我们的消息，他们一定会登上我们经过的那座珊瑚礁，那时我们再在这里上岸也不晚。我们只要穿过昏暗的葡萄架，就可以光明正大地出入了。"我不得不承认，我们的这个船长还真是考虑的更加细致。

是的，放眼望去，我们可以看到大片葡萄、红树、灌木丛和刺莓，它们茂盛极了，差不多都长到了岸边。现在虽然看得不是十分清楚，但给人一种朦朦胧胧的美。渐渐地，太阳照在了古巴的最高峰，刹那间，一切明朗了起来，沉沉的暮霭消失了，笼罩在灌木丛的黑影也不见了，拍打着岸边的灰暗的海水魔术般地变绿了。光明来了，黑暗能不跑吗？这是一个好兆头。

此情此景，我想着一位曾经看过类似景物的诗人写下的诗句：

黑暗的烛火已经熄灭

欢乐的白天从雾霭茫茫的山顶上

踮着脚站了起来。

是啊，这样的一个美妙的早晨，在我以前的生命里是不曾有
过的，我难掩心潮的起伏，就像在我的面前有一艘巨大的战舰，
上面刻着我最崇拜的人——美洲的发现者哥伦布的名字，一种庄
严的使命感油然而生。

看到我默默地站在那里凝视着远方，格瓦西奥轻声对我说：
"你好，先生，我们要行动了。"我缓过神来，看见其他的船员
正忙着往岸上搬东西，我赶紧参与其中。

很快货卸完了，我们来到岸上，小船被拖到一个狭小的河口，
扣过来藏在丛林里。恰在这时，一群衣衫褴褛的古巴人来到了我
们上岸的地方。他们从哪里来？他们都是谁？他们如何知道我们
是自己人？这些对我来说一直是一个谜，已经没有太多的时间让
我解开这些疑问了。这些人扮成了装运工，但在他们身上我能看
到军人的影子，一些人身上甚至还有枪伤。

我们登陆的地方，好像是几条路的交汇点，从那里可以进入
灌木丛，也可以通向海岸。我们一直向西，走了大约1英里的样子，
我看到从植被丛中冒出袅袅的炊烟。我知道这烟是从古巴难民熬
盐用的大锅里冒出来的，这些可怜的人从可怕的集中营里逃了出
来，躲在了这里。我们的到来，一定是他们热切盼望已久的。

到此，我的第二段险象环生的行程就这样结束了。

◎漫长而惊险的行程结束了

如果说前面行程是有惊无险、险象环生的话，现在真正的危险来临了。西班牙军队正在残忍地进行着大屠杀。这些毫无人性的刽子手见人就杀，见人就砍，从携带武器的军人到手无寸铁的难民，他们一个都不放过。我知道，在这样的情境中，余下的路程将更加艰难，将信送给加西亚将军将是难上加难，但是任何困难都不能阻止我前进的脚步，我必须立即行动！

通往北部的地方有一条绵延约1英里的平坦土地被丛林覆盖着，地形比较简单。但是古巴的路况就像迷宫一样，不熟悉的话可能就摸不着南北。好在有人帮我们开路，我紧紧地跟在后面。炎炎的烈日烘烤着我们，我们背的大包小包更成了负担。实在很羡慕一起同行的那几位，他们身上真的没有多余的东西。

在气喘吁吁中，我们继续前行着。海和山遮住了我们的视线，浓密的叶子、遍地的荆棘、曲折的小路、灼眼的阳光，使我们每前进一步都要费好大的力气。在海岸边我们看见到处都是青翠的灌木丛，但离开岸边到达山脚下就看不到青翠的灌木丛了。很快我们就到了一个空旷的地方，并意外地发现几棵椰子树。对于口渴得要命的我们来说，简直棒极了，椰子汁新鲜又凉爽，我感觉从来没有喝过这么棒的东西。

我们虽然很疲倦，但是任务在身，我们不能休息得太久，我知道一旦放纵下来，惰性就会冒出来。于是，我们立即启程，夜幕降临以前我们还要走几英里路。我们翻过几个陡峭的山坡，进入到另一个隐蔽的空地，很快我们就进入了真正的热带雨林[①]。微风吹过，给人以心旷神怡的感觉，这里的路比较平坦，走起来也比较顺畅。

穿过了热带雨林，就进入了波迪罗到圣地亚哥[②]的"皇家公路"。当我们靠近公路时，我发现一直与我们在一起的同伴们一个个消失在热带雨林里，只剩下我和格瓦西奥两人了，我正想转过身去询问格瓦西奥是怎么回事，却看到他将手指放到嘴边，示意我不要出声，赶快拿起枪，然后他也消失在了热带雨林里。

我马上明白了他的用意，拿起了手枪。正在这时耳边响起了马蹄声，西班牙骑兵的军刀声，以及偶尔发出的命令声。如果没有格瓦西奥高度的警惕性，我也许早已走上公路，恰好与敌人正面撞上，被他们抓住或乱枪打死。

我敏捷地扳动扳机，焦急地等待事情的发生，但是等了一会儿，什么也没有发生。正在纳闷之际，同行的人一个个都回来了，

---

① 热带雨林：是指阴凉、潮湿多雨、高温、结构层次不明显、层外植物丰富的乔木植物群落。平均温度为 25~30℃。

② 圣地亚哥：是智利共和国的首都和最大城市，南美洲第四大城市。位于国境中部，坐落在马波乔河畔，东依安第斯山，西距瓦尔帕来索港约 100 千米。

格瓦西奥也回来了。

格瓦西奥对我说："我们分散开，目的是麻痹敌人，不被他们发现。我们分头行动，假如枪声响起，敌人一定会以为这是我们设下的埋伏，他们不敢轻易踏入。"至此，我不得不佩服格瓦西奥的高明，但是他却露出可惜的神色，说道："真想戏弄一下敌人，但是任务第一，游戏第二！"我笑着拍了拍他的肩膀。

我感觉有些饿了，没想到同行的人马上给我找了几块烤熟的红薯。原来在起义军经常出没的地区，他们有个习惯，他们会经常点起火烘烤红薯，考完之后就埋在那里，经过这里的起义军饿了，就可以拿起来吃，吃饱了继续作战。

我边吃烤红薯边想，这些古巴的英雄们。他们之所以在艰苦的条件下能取得一个又一个的胜利，是因为他们热爱自己的祖国，有团结一致的信心，有一种发自内心的争取民族解放的信念支撑着他们，这种信仰让他们与敌人展开了不屈不挠的斗争。我们和他们一样，为了民族的尊严顽强地奋斗着。想到自己所肩负的使命，能够帮助这些爱国的志士们，我感到无上光荣。这更加坚定了我必须完成这项任务的决心。

一天的行程很快结束了，我注意到了一些穿着十分奇怪的人。

我向格瓦西奥问道："他们是谁？"

格瓦西奥回答："他们是西班牙军队的逃兵。"

"逃兵？西班牙人？"我疑惑地问。

"是的，他们从曼查尼罗逃出来，不堪忍受军官的虐待和饥饿。"格瓦西奥面色沉重地答道。

敌方有逃兵对于我们来说是好事，逃兵会有很大的用处，但在这旷野中，我对他们持怀疑态度。谁能保证他们当中没有奸细？如果他们中有人向西班牙军队报告，有一个美国人正越过古巴向加西亚将军的营地进发，那该怎么办？敌人一定会想方设法阻止我们完成任务的，这件事我们不得不谨慎。所以我对格瓦西奥说："仔细盘查盘查这些人，看看他们有没有问题。"

"好的，先生。"格瓦西奥果断地回答。

为了不出现差错，确保万无一失，我下达了这个命令。事实证明，我的想法是正确的，的确有人想逃走去向西班牙人报告我们的情况。这些人并不知道我的具体任务，但是他们至少清楚我们绝对不是西班牙人。盘查的过程中，有两个人引起了我的怀疑，他们果然是间谍，我险些被他们杀了。那天晚上，其中一个人离开营地钻进灌木丛，想去给西班牙人报告，恰好有一个美国军官在古巴人的护送下来到这里，遇见了他，他没有逃出去。

半夜，我突然被一声枪响惊醒。我的吊床前突然出现了一个人影，我吓了一跳，急忙站起来。这时对面又出现一个人影，将第一个人影砍倒，从右肩一直砍到肺部。这个人临死前供认，他和他的同伴已经商量好了，如果同伴没有逃出营地，他就来杀死我，阻止我完成任务。好危险啊，再晚一点儿，我可能就成了他们的刀下鬼了。

第二天，直到晚上，我们才弄到足够的马和马鞍。我们耽搁了很长时间，对此我十分焦急，但是毫无办法。找来的马鞍有些硬，骑上去一定不舒服。我有些不耐烦地问格瓦西奥："能不能不用马鞍？我觉得那样会更舒服一些。"

他回答道："加西亚将军正在围攻古巴中部的巴亚摩，我们还要走很远才能到达他那里。"我知道，这就是我们到处找马鞍和马饰的原因了，我非常敬佩这位向导的智慧。

一位同伴看了一下分给我的马，很快就为我安装好了。后来的结果证明，格瓦西奥是多么的英明。我们骑马走了 4 天，假如没有马鞍，我的结局一定惨不忍睹。我要感谢我骑的这匹马，它看上去是那么的瘦弱，但是它却有相当大的爆发力，它那种拼尽全力、不达目的不罢休的精神让我震撼。

离开了营地之后，我们沿着山路向前走。山路弯弯曲曲，如果不熟悉道路的话，一定会陷入困境之中。好在我的向导对这些迂回曲折的山路了如指掌，他们带着我在这迷宫般的路况中穿行。

在一个分水岭，我们开始从东坡往下走，突然遇到一群小孩和一位白发披肩的老人，我们停了下来。老人和格瓦西奥交谈了几句，马上森林里出现了"万岁，万岁"的喊声，这是对美国喊的，也是对古巴和"美国特使"喊的，这一幕让我感动不已。我不清楚他们是如何知道我的到来的，好像他们一直在等待这一天。消息在丛林中传得非常快，我就好像他们光明的使者一般。

在古巴的历史上，亚拉是一个伟大的名字。这里也是古巴 1868—1878 年"十年独立战争 ①"的发祥地，一条河沿山脚流经

---

① 十年独立战争：又称古巴第一次独立战争（1868—1878），1868 年 9 月，西班牙爆发革命，女王伊莎贝拉二世被推翻，古巴人民趁机掀起争取独立的斗争。

这里，这里建有许多战壕，用来保护峡谷。古巴士兵时刻都在守着这些战壕。在亚拉，我意识到我们又进入了一个危险地带。但是我相信我能完成我的使命，格瓦西奥也相信我。

第二天，天刚刚亮，我们就开始攀登西拉梅斯特拉山的北坡。这里是河的东岸，我们沿着风化的山脊一直往前走。如果西班牙人的机动部队埋伏在这里，那么这里就可能变成我们的葬身之地。

庆幸的是，我们没有遇见埋伏，于是顺着河岸，沿着蜿蜒曲折的山路继续前行。为了让可怜的马走下山谷，我们残酷地抽打它们，在我的一生中，我从未如此野蛮地对待动物。但为了把信送给加西亚，我也没有别的办法。战争期间，与成千上万人的自由比起来，马遭点罪又有什么呢？我只能在心里对这些牲畜说声"对不起"了，都是战争惹的祸。

最为艰难的一段行程总算告了一个段落。我们停在一间小草房前，周围是一片玉米地，位于基巴罗的森林边缘。屋内的椽子上挂着刚砍下的牛肉，厨师们正忙着准备大餐，庆贺美国特使——我的到来。顷刻间，我到来的消息传遍了这里的每个角落。我再一次被他们的这种热情所感动，就是为了他们，我也一定要把信送给加西亚将军。

大餐既有鲜牛肉，又有木薯面包，真是丰盛极了。刚吃完丰盛的大餐，忽然听到一阵骚乱，森林边上传来说话声和马蹄声。原来是瑞奥将军派卡斯特罗上校代表他来欢迎我了，而将军将晚些时候赶到。卡斯特罗上校看起来棒极了，下马的姿势优美，动作敏捷，就像专业的赛马运动员。他的到来让我更加充满了信心，我遇到了一个经验丰富的英雄。卡斯特罗上校赠送我一顶标有"古巴生产"的巴拿马帽，我欣然接了过来，感到无上的光荣。

第二天早上，瑞奥将军和一些训练有素的军官到了。瑞奥将军被称作"海岸将军"，他的确配得起这个称号，他皮肤黝黑，是印第安人和西班牙人的混血儿。他步履矫健，身姿挺拔，一眼看去，就觉得此人非等闲之辈；他足智多谋，英勇善战，多次成功地击退了西班牙人的进攻；他擅长游击作战，与敌人多处周旋，总是能给敌人沉重的打击；敌人多次想抓住他，但都无功而返，瑞奥将军在这里成了一个神话。

瑞奥将军派了200人的骑兵部队护送我。这些骑兵训练有素，骑术高超。能得到他们的护送，是我的荣幸。很快我们又进入了森林。森林里的路太窄了，时常被树枝挡住，而且常青藤经常刮破我们的脖子，我们不得不一边骑马一边清理障碍，前进的步伐就缓慢了许多。但是我们的向导却步伐稳健，健步如飞，这让我惊奇不已。向导是一名黑人，皮肤像煤炭一样的黑亮，名叫迪奥尼斯托·罗伯兹，是古巴军队的一名中尉。此人善于骑马踏过荆棘，穿过茂密的森林。他手拿宽刃大刀，为我们开路，砍下一片片藤蔓，仿佛永远不知疲倦。我一般是在队伍的中部，有时真想追上他，看看他是如何做得如此出色的。

没想到能再一次见到格瓦西奥，那是4月30日晚上，我们来到巴亚莫河畔的瑞奥布伊，离巴亚莫城还有20英里。格瓦西奥就是在这里出现了，他的脸上露出满意的微笑，我见到他也觉得格外的亲切。

他高兴地对我说道："先生，告诉你一个好消息，加西亚将军就在巴亚莫。西班牙军队已撤退到考托河一侧。"

这真的是一个好消息，我能感觉到，自己离加西亚将军越来越近了。于是我建议夜行，但我的建议没有被采纳，他们建议最好能好好休息一晚上，明天将有很重要的事要做。

1898 年 5 月 1 日，注定是一个不寻常的日子。当我在古巴森林里睡觉的时候，我们的美国海军上将正率军冒着枪林弹雨进入马尼拉湾，向西班牙战舰发起进攻。他们用大炮击沉了西班牙的战舰，形成对菲律宾首都巨大的威胁。我要送给加西亚的信还没有送到，这让我万分着急。

第二天凌晨，我们立即踏上征程，从山坡上一直往下，直达巴亚莫平原。沿途中，我看到饱经战火的乡村，看到饥寒交迫的难民。这些被战火毁坏的废墟，是西班牙军队罪恶的铁证。我坚信，他们的罪恶是要受到惩罚的，而这惩罚已经离他们不远了。我们骑马走了大约 100 英里，来到一片平原。我们历经无数艰难险阻，顶着烈日酷暑，跨过无数荆棘，来到了这片美丽的平原，虽然它饱受战火洗礼，但依然是一片充满希望的土地。一想到我们即将到达目的地，所有的苦难都抛在了脑后。任务即将完成，那份急迫的心情多年以后都难以忘记。

怀着激动的心情，我们来到曼占尼罗至巴亚莫的"皇家公路"，沿途遇到了许多衣衫褴褛却兴高采烈的人们，他们正在朝城里拥去。叽叽喳喳的交谈声使我联想到自己在丛林中遇到的那些鹦鹉，可爱极了，这些可怜人终于可以返回到阔别已久的家园了，他们太高兴了，不是吗？

　　巴亚莫曾经是一个拥有 3 万人口的城镇，但现在却成了一个只有 2 000 人的小村庄，这是谁的罪恶？西班牙，可恶的西班牙。在巴亚莫河两岸，西班牙人建了很多碉堡，西班牙人撤走后，里面的烟火还没有熄灭。当古巴人返回之后，便将这些碉堡付之一炬。他们烧得痛快极了。

　　我们知道胜利就在眼前了，我们在河岸列队，在格瓦西奥和罗伯兹与士兵说完话后，我们继续前进。走了一段路之后，我们停在河边，让马饮水，做好一切准备，走完最后一段通往古巴指挥官营地的路程，去见加西亚将军。

　　当天报纸发布了这样的消息："古巴将军说罗文中尉的到来，在古巴军队中引起巨大轰动。罗文中尉骑着马，在古巴向导的陪同下来到了古巴。"

　　几分钟以后，我来到了加西亚将军的驻地。

　　漫长而惊险的行程终于结束了。苦难、失败和死亡都离我们远去。

　　喜悦、生命、成功就在眼前！

◎终于把信交给了加西亚将军

　　我怀着激动的心情来到加西亚将军的指挥部门前，看到古巴的旗帜在迎风飘扬。我能代表我国政府在这里见到加西亚将军，这是我的荣幸。我们排成一队，等待将军的召唤。将军认识格瓦西奥，所以卫兵先让格瓦西奥进去了。一会儿工夫，格瓦西奥与加西亚将军一同走了出来。将军热情地和我握手，并邀请我和我的助手进屋。进屋之后，将军将我一一介绍给他的部下，这些军官全都穿着白色的军装，腰间佩戴着武器，威风极了。

　　将军向我说道："非常抱歉，我出来晚了，因为我在看从牙买加古巴军事联络处送来的信，是格瓦西奥给我带来的。"

　　联络处送来的信中称我为"密使"，可翻译却把我翻译成"送信的人"。幽默无所不在，战争年代也不例外，但是这又有什么关系呢，重要的是我把信送到了。

　　吃过早饭之后，我们开始讨论正事。我向加西亚将军说道，尽管离开美国时总统带来了书信，但是我不只是一个信使，我所执行的是一项军事任务。美国总统和作战部都想知道有关古巴东部形势的最新情报，美国曾派过两名军官来到古巴中部和西部，但他们都没到达目的地。

美国非常想了解西班牙军队占领区的情况，包括西班牙兵力的分布和人数以及他们的指挥官特别是高级指挥官的性格等，还有那些西班牙军队的士气、整个国家和每个地区的地形、路况信息，等等，以及任何与美国作战部署有关的信息。

加西亚将军建议展开一场古巴军队与美军联合作战的战役。我再次对加西亚将军重申，美国政府希望能得到关于古巴军队兵力方面的信息。我问加西亚将军，我是否有必要留下来亲自了解所有这些信息。加西亚将军想了一下，让所有的军官退了下去，只留下他的儿子和我。

大约3点钟，将军回来告诉我，即便我留在古巴几个月，也不一定能做出一个完整的报告。他决定派3名军官陪我回美国。这3名军官都是训练有素，经验丰富，知识渊博的古巴人，他们了解自己的国家，他们完全有能力回答美国想了解的所有的问题。时间紧迫，美国越早获得情报，对双方越有利，我不得不佩服加西亚将军真的是太英明了。

但是他郑重地对我说道，他的部队需要武器，特别是大炮，用来摧毁碉堡，部队还缺少弹药及步枪，他希望能重新武装他的队伍，我把他的话牢牢地记在脑子里了。

3名军官中的克拉左将军，是一位著名的指挥官，另两位是赫南得兹上校和约塔医生，他们非常熟悉这里的一切情况，另外，还有两名水手将一同随我返回。如果美国决定为古巴提供军事装备，他们在运送物资的远征中一定能发挥作用。

在这长途跋涉的9天里，我的脑海里一直装着许多问题。我希望能踏遍古巴的土地，给我们的总统一个满意的答案。将军问我："你还有什么问题吗？"。

我毅然地回答："没有！先生。"

因为，加西亚将军有着敏锐的洞察力，有着高瞻远瞩的思维。他的决定使我免除了几个月的劳累，为我们的国家争取了时间，也为古巴人民赢得了时间。

接下来的两个小时，我受到了非正式的热情接待。正式的宴会在5点钟准时进行，宴会结束以后，我被护送者送到大门口。走到大街上，我发现没有看到陪我一起来的向导和同伴。格瓦西奥本来想陪我一同回美国，但加西亚将军没有同意，因为南部海岸的战争需要格瓦西奥，而我要从北部返回。我向将军表达了我对格瓦西奥和他的船员的感激之情。我以纯拉丁式的拥抱与加西亚将军告别，然后骑上马，与3名军官一起向北疾驰。

我成功了，我把信交给了加西亚将军！

给加西亚送信的行程充满了惊险，与我返回的行程相比，要重要得多。我见识了古巴这个美丽的国度，一路上得到了很多人的帮助，他们给我做向导，给我做同伴，他们时时刻刻保护着我，我非常感动。

战争还没有结束，西班牙的士兵还在到处巡逻，不放过每一个海岸，不放过每一个海湾，不放过每一只船。他们随时都可能把我当作一个间谍，一旦被发现就意味着死亡。面对咆哮的大海，我在想，成功永远不是一次航行，而是不断地航行。不管前面有多少风浪和暗礁，我们必须前行，只有前行才能成功，不然我的使命就会前功尽弃，我要送的信就会永远搁浅。

返程的路上，我们也不轻松，时刻都要高度警惕。我们小心翼翼地越过了古巴，朝北前行，我们来到西班牙军队控制下的考托。在一个河口，停泊着几艘小炮艇，对面有一个巨大的碉堡，里面装着大炮，瞄准了河口。

如果不幸被西班牙士兵发现，我们就全完了，这里将是我的葬身之地。但是我们勇敢无畏，我们按计划前行。也许是应了那句话，最危险的地方往往是最安全的吧。敌人可能没有想到我们会在这种危险的地方上岸，去执行一项艰巨的任务。我们顺利过关，这真的是太振奋人心了。

我们所搭乘的那只小船，体积只有 104 立方英尺。我们航行了 150 英里来到了北部的拿骚岛，西班牙的快速驱逐舰经常在此巡逻，我知道危险又来了。

任务已经完成的成就感让我感到无所畏惧。由于这只小船无法承载 6 个人，约塔医生只好返回巴亚莫。我们 5 个人将继续前行，前行的路上可能要经历枪林弹雨，但是又有什么关系呢，我们无所畏惧。

就在我们做好了准备，打算继续出发的时候，风暴突然降临。在波涛汹涌的海上我们不敢轻举妄动，但是即使原地等候也同样危险。怎么办？那天的月亮正圆，假如风暴把云吹散，敌人就会发现我们的身影。

命运掌握在我们自己手中，我们要抓住最好的机会，11 点钟天空乌云密布，遮住了月亮，敌人无法发现我们，我们赶紧上了船。

我们一人掌舵，四人划桨。渐渐地已看不见远去的要塞，更精确地说，要塞里的敌人没有发现我们。我们在水中艰难划行，总算没有听到大炮的轰鸣声和机枪的扫射声。我们的小船摇摇晃晃，像一片飘摇的树叶，有好几次差点颠覆。好在我的同伴非常了解水性，装在船里的压船物经受住了考验，使我们得以继续前行。

不得不承认，长时间的航行是非常单调的事情，越来越感觉到疲倦，我们几乎要睡着了。

突然，一个巨浪袭来，差点把小船掀翻，小船里浸满了水，大家不再有睡意，都精神了很多。就这样眼睁睁地熬过了一个长夜！太阳，美丽的太阳，可爱的太阳，从远方的地平线上钻了出来，这让我们感觉温暖许多。

"快看，先生！"舵手们喊道。我立即警觉起来，顺着他们手指的方向，看见了一艘船。难道是一艘西班牙战舰？如果真是那样的话，我们该怎么办？

舵手用西班牙语喊着，其他同伴应和着。难道真是西班牙战舰？

命运总是会垂青正义的人，不是西班牙战舰，是桑普森海军上将的战舰，正向东航行去抗击西班牙战舰。我长长地松了一口气！

尽管美国战舰已经出现了，但是西班牙的炮艇很快就能追上我们，如果被他们追上，后果将不堪设想。酷热难耐的天气里，谁也睡不着。夜幕降临时，我们5个人疲惫极了，几乎支撑不下去了，但是我们丝毫没有懈怠，仍然强打着精神继续前行。夜里突然刮起了大风，风力非常强劲，顿时波涛汹涌起来。我们竭尽全力掌握平衡，使小船不至于倾覆。那真是惊心动魄的一晚啊。

第二天早晨，5月7日，危险总算过去了。上午10点左右，我们来到了巴哈马群岛安得罗斯岛的南端一个名叫克里基茨的地方。我们打算登陆，进行短暂的休息。

当天下午，在黑人船员的协助之下，我们彻底地检查和清理了我们的小船。这些黑人说着古怪的语言，我根本听不懂，但是手势语是通用的，我们用手势交流着。起航之后，我虽然疲惫到了极点，但依然睡不着，刺耳的手风琴声（船里装着些猪肉罐头和手风琴）使我无法入眠。

第二天下午，当我们向西航行时，被当地的检疫官抓住了，被关到了豪格岛上。我从来没有想过我们会被以这种理由被捕，他们怀疑我们得了古巴黄热病。或许是因为我们实在是疲惫极了，看上去就像病人一样吧。

被关了一天后，5月10日，在美国领事麦克莱恩的安排下，我们获释了。5月11日，我们驾驶着这只久经考验的小船驶离码头。

5月12日，一整天无风，小船无法航行，我们只好等待风的来临。直到夜晚才有了点微风，我们才顺利到达基维斯特。

当天晚上，我们乘火车到了塔姆帕，又在那里换乘了火车前往华盛顿。我们按预定的时间到达了华盛顿。

回到华盛顿，我立即向作战秘书罗塞尔·阿尔杰作了汇报。他认真听了我的讲述，并让我直接向迈尔斯将军报告。迈尔斯将军接到我的报告后，给作战部写了一封信。这封信让我终生难忘。

信中说："我推荐美国第 19 步兵部队的一等中尉安德鲁·罗文为骑兵团上校副官。罗文中尉出色地完成了古巴之行，在古巴起义军和加西亚将军的协助之下，为我国政府带来了最宝贵的情报。这项任务异常艰巨，但是我认为罗文中尉表现出的英勇无畏的精神将永载史册！"

迈尔斯将军让我参加了一次内阁会议。会议结束时，我收到了美国麦金莱总统的贺信，他感谢我把他的信准时送给了加西亚将军，并高度评价了我在这次任务中的表现。

贺信的最后一句话是："你勇敢地完成了任务！"而我认为，服从命令，完成任务正是军人的天职。任何情况下都不要想太多，只要服从命令。在这种责任心的驱使之下，我把信送给了加西亚将军。

第三章
能将信送给加西亚的人

　　无论做任何事情，都要全心全意，尽职尽责，因为这决定一个人日后事业上的成败，生活上的苦乐。以主动尽职的态度去做事，即使最平庸的职业也能绽放出灿烂的光彩。

◎ "现在就动手做吧！"

"现在就动手做吧！"这句话是一个最为实用、有效的自动启动器。

任何时候，当你感到拖沓的恶习正悄悄地向你靠近时，或者当拖沓的恶习已经紧紧缠绕着你，使你动弹不得时，你都需要用这句话提醒自己。这句话会让你猛然醒悟，原来你已经蹉跎了太多。

如果你正受到拖沓恶习的钳制，那么不妨就从碰见的任何一件事着手。总有很多事情需要去做，是什么事并不重要，重要的是，你突破了拖沓的恶习。举个例子来说，如果你想逃避某项杂务，那么你就应该从这项杂务着手，立即动手去做。否则，这项杂务会不断地困扰着你，使你觉得心烦意乱的不得了。

当你养成了"现在就动手做"的习惯时，你就掌握了个人进取的要义。

你的能力，加上你的态度，决定了你的报酬和职务。那些效率高、做事多，并且乐此不疲的人，往往担任最为重要的职务。当你下定决心永远以积极的心态做事时，你就朝自己的远大前程迈出了重要的一步。

开始的时候，你会觉得坚持这种态度并不是一件容易的事情，但最终你会发现，这种态度会成为你个人价值的一部分。当你体验到他人的肯定给你所带来的帮助时，你就会一如既往地用这种态度做事。

高效率的人从来不肯拖延，他们觉得生活正如莱特所形容的那样："生活就像骑着一辆脚踏车，如果不能总是保持平衡向前进，就只能翻倒在地。"

效率高的人，往往有限时完成工作的习惯，他们会事先确定做每件事所需的时间，并且强迫自己在预期内完成。即使你还没有这样的习惯，也要有意识地训练自己。你一定会惊讶不已，原来在短时间内你可以做很多事情。

那些懒散的人，他们精于滥竽充数和偷工减料，他们并不了解自己处理事情的真正能力。他们不肯迎接任何一项挑战，不肯激发自己最大的潜能。如果你希望一件事能快速而圆满地完成，那么请交给那些勤奋而忙碌的人吧。

我们知道，面对一件自己感兴趣的事情，无论多么繁忙都能挤出时间去做；面对那些无趣的事情，我们总是轻易推脱，甚至有意无意遗忘。

成功的关键在于你行动之前对自己有什么样的期望，定什么样的目标。你应该懂得，你用什么标准衡量自己，别人就会用什么样的标准来评估你。爱默生①说："紧紧跟随四轮车到星球上去，

_____

① 爱默生：思想家、文学家，诗人。是确立美国文化精神的代表人物。美国前总统林肯称他为"美国的孔子"、"美国文明之父"。

要比在泥泞道上追踪蜗牛更容易达到自己的目标！"

　　要想取得成功，就要一点一滴地奠定基础。先给自己设定一个切实可行的目标，达到这一目标之后，再迈向更高的目标。

　　"现在就动手做吧！"这是通往荣誉圣殿的必经之路。

◎ 全心全意，尽职尽责

一份英国报纸刊登出了一则招聘教师的广告："工作很轻松，但要全心全意，尽职尽责。"

事实上，不仅做教师的条件需要这样，你做任何一种工作，都应该全心全意、尽职尽责，只有这样你才能做好。所谓的敬业精神，就包括这两方面。

无论从事何种职业，都应该全心全意，尽职尽责，以自己最大努力去完成任务，在完成任务的过程中，让自己不断进步。这不仅是工作的原则，也是人生的原则。如果没有全心全意的职责和理想，生命就会变得暗淡无光。无论你身居何处，无论你身担何职，如果你能全身心投入生活、工作，最后就会获得丰厚的回报，包括物质上的，也包括经济上的。那些取得非凡成就的人，一定在某一特定领域里曾经全心全意、尽职尽责。

在某一方面精通，要比对任何事情都懂一点皮毛要强得多。一位总统在得克萨斯州一所学校做演讲时，对学生们说："对于你们来说，最重要的是，你们需要知道怎样将一件事情做好，也就是与其他有能力做这件事的人相比，你要做得更好一些，这样你就永远不会失业。"

一个成功的经营者也曾经说过："如果你能把一枚别针制作得非常好的话，应该比你制造出粗陋的蒸汽机赚到的更多。"

有些人心中始终有这样一个困惑不解的问题：明明自己比一些人更有能力，但是成就却远远落后于他人。其实不要疑惑，也不要抱怨，你应该先问问自己下面的问题：

——你是否真的走在前进的道路上？

——你是否像画家研究画布一样，仔细研究职业领域的各个细节问题？

——你为了增加自己的知识面，或者为了给自己的老板创造更多的价值，认真阅读过专业方面的书籍吗？

——你在自己的工作领域，是否做到了尽职尽责？

如果你对上面的问题无法做出肯定的回答，那么这就是你无法超越别人的原因。如果你认为一件事情是正确的，那么就大胆而尽力地去做吧！当然，如果你觉得它是错误的，就干脆别做。

那些技术不佳，或者技术上只懂得一知半解的泥瓦工和木匠，他们将砖石和木料拼凑在一起来建造房屋，在这些房屋尚未使用时，其实已经存在了在暴风雨中坍塌的危险了；专业知识不够的医科学生不愿花更多的时间在学习上，结果做起手术来笨手笨脚，让病人冒着极大的生命危险；专业知识不够的律师在读书时不够用心，办起案件来也捉襟见肘，让当事人白白浪费金钱……这些都是缺乏敬业精神的表现。

无论从事什么样的职业，都应该比较精通。让这句话成为你的座右铭吧！下决心让自己掌握职业领域各个细节吧，让自己与他人相比更有竞争力。如果你是工作方面的行家里手，精通自己的领域，就能赢得较好的声誉，也就拥有了一种潜在的成功的秘诀。

曾经有一个人就个人努力与成功之间的关系请教一位非常有成就的人："你是如何完成如此多的工作的？"

此人不紧不慢地答道："我在一段时间内，会集中精力只做一件事，但我会尽全力彻底做好它。"

如果你的知识不够，你的准备不足，你的热情不够，又怎能因自己的失败而责怪他人、责怪社会呢？要想在某一行业站住脚，最需要做到的就是"精通"两字。大自然要经过千百年的进化，才长出一朵朵艳丽的花朵和一粒粒饱满的果实。但是在美国，有些年轻人随便读几本法律书，就想处理一桩桩棘手的案件，或者听了两三堂医学课，就急于做外科手术。要知道，一个案件可能关乎很多人的利益，一个手术可能关乎一条宝贵的生命！

据观察发现，如果学生时代就养成了半途而废、心不在焉、拖沓懒散的坏习惯，或者运用一些小伎俩应付考试或者蒙骗老师，一旦步入社会，参加工作之后，就很难出色地完成任务。在去银行办事时，他习惯迟到，银行工作人员会拒付他的票据；与人约会时，他总是延误，会让人大失所望，觉得他是一个不够真诚的人。

如果一个人认为小事情是不值得认真对待的，那么他很难写出一本著作，写出来的话也会漏洞百出。有些人从来不会认真地整理自己的论文和书信，所有的文稿和信件都是散乱地堆放在书桌上。这样的人办起事来也是缺乏条理，不讲究秩序，思维也不够周密，甚至连自己最基本的立场、原则和态度都会丧失，最终将失去他人对自己的信心，觉得他是一个不行的人。

这样的人注定会是一个失败者，他的家人和同事也会为他们感到失望和沮丧。如果这种人一不小心成了领导，后果就会更加的严重了，其下属也必定会受到这种恶习的传染——当下属看到上司不是一个精益求精、细心周密的人时，往往会群起而效仿之。这样，个人的缺点和弱点就会渗透到整个团队中去，影响事业的发展。

曾经有一位先哲说过："如果有必须去做的事情，便全身心投入吧！"还有一位大师说过："不论你正在做任何事情，都要尽心尽力地去做！"

做事无法善始善终的人，培养不出自己的独特个性，坚定的意志，无法达到自己追求的目标和理想。这种一方面贪图玩乐，一方面又想修道的人，自以为可以左右逢源，掌控一切。到最后不但享乐与修道两头落空，还会深深自责自己当初的行为。从某种意义上讲，全心全意追逐名利也比敷衍了事的修道好得多。

做事能够一丝不苟的人，能够迅速培养出严谨的品格，超凡的智能。

这样的人既能带领团队往好的方向前进，更能鼓舞优秀的下属全心全意。

因此，无论做任何事情，都要全心全意，尽职尽责，因为这

不论你正在做任何事情，都要尽心尽力地去做！

决定一个人日后事业上的成败，生活上的苦乐。一个人一旦领悟了全力以赴地做事能消除做事的辛劳这一秘诀，他就找到了打开成功之门的钥匙了。

　　能处处以主动尽职的态度去做事的人，即使从事最平庸的职业也能绽放出灿烂的光彩。

◎ "多做一点"获得更多

要出色地完成任务，光全心全意、尽职尽责还是不够的，还应该有自己分内之外的事多做一点、比别人期待的多做一点的心，这样才能引起他人的注意，才能给自己创造提升的机会。

虽然你没有义务去做自己职责范围以外的事，但是你也可以选择自愿去做。这是促使自己快速前进的最佳方法。率先主动是一种极其珍贵、备受青睐的素养，它能使人变得更加敏捷，更加积极。无论你是管理者，还是普通员工，"多做一点"的工作态度能使你在竞争中脱颖而出。"多做一点"会使你的老板、委托人和顾客关注你、信赖你，从而使你获得更多的机会。

多做一点或许会占用你宝贵的时间，但是，就是这一点点会使你赢得良好的声誉，并为你增加更多的机会。

卡洛·道尼斯先生，最初为杜兰特工作时，只是一个职务很低的职员，现在已成为杜兰特先生的左膀右臂，担任其下属的一家公司的总裁。他之所以能快速得到升迁，秘密就在于他"每天多做一点"。

我曾经拜访过道尼斯先生，并且询问了其成功的诀窍。他平静而简短地对我说："在为杜兰特先生工作之初，我就注意到，每天下班之后，所有的人都忙着回家，但是杜兰特先生仍然会留在办公室里继续工作，他会工作到很晚。这件事给我的触动很大。从此以后，我每天下班以后也留在办公室里，当然我不只是人留下来，心还要留下来，留下来多做一些事情。当然，没有人要求我这样做，但我认为自己应该留下来，在杜兰特先生需要时为他提供一些帮助。"

"工作时，杜兰特先生经常需要找文件、打印材料，最初这些工作都是他自己亲自去做。很快，他就发现我随时在等待他的召唤，并且逐渐养成随时召唤我的习惯……"

杜兰特先生为什么会养成随时召唤道尼斯的习惯呢？因为道尼斯一直自动留在办公室。杜兰特先生随时可以看到道尼斯，并且道尼斯总是诚心诚意为杜兰特服务。这样做道尼斯获得了额外的报酬了吗？没有。但是，他获得了信赖和机会，赢得老板的关注，最终得到了提升。

尽管事实上很少有人能像道尼斯这样做，但是真有人也做到了。你为什么应该养成"每天多做一点"的好习惯？有几十种甚至更多的理由可以解释。其中有两个最主要的原因：

第一，在养成了"每天多做一点"的好习惯之后，与那些尚未养成这种习惯的人相比，你已经具有了某种优势。这种习惯会使你无论从事什么职业，都会有更多的人想请你为他提供帮助。

第二，如果你希望将自己的右臂锻炼得更加强壮，唯一的途径就是经常利用它来做事。相反，如果长期不使用你的右臂，让它养尊处优，其结果就是使它变得更加虚弱不堪。

逆境中拼搏能够产生巨大的力量，这是永恒不变的法则。如果分内之外的事你能多做一点的话，那么，不仅能彰显你勤奋的美德，而且能开发一种超凡的技巧与能力，使你具有更强大的生存力量，更有逆境生存的本领。

社会在发展，事业在成长，个人的职责范围也越来越大。不要总是以"这不是我分内的事"为由丧失进步的机会。当额外的事落到你的头上时，不妨将其看作是一种机遇。

准时上下班是一个员工必须要遵守的，但是，如果能提前一点上班，也不是多难的事。别以为没人注意到，你的老板一定是睁大眼睛瞧着呢。如果你能提前一点到公司，就说明你十分重视这份工作。每天提前一点到达公司，可以对一天的工作做一个规划，当别人还在考虑当天该做什么时，你已经开始工作了。

想要走上成功之路，就必须树立终身学习的观念。既要好好学习专业知识，也要不断拓宽自己的知识面。一些看似无关紧要的知识往往会起巨大作用，而"每天多做一点"则能够给你提供更多的学习机会。

如果本来不是你分内的事，而你做了，就多了一次学习的机会。有人曾经研究过，为什么当机会来临时无法抓住，因为机会总是伪装成"难题"的样子。当顾客、同事或者老板交给你某个"难题"，也许正在为你创造一个珍贵的机会。对于一个优秀的员工而言，公司的组织结构如何，谁该为此"难题"负责，谁应该具体完成这一"难题"，都不是最重要的，一个优秀员工的唯一的想法就是如何将这个"难题"解决，"难题"解决了，机会就来了。

如果下一次当你的老板、同事和顾客要求你提供帮助，做一些你分外之事的时候，而不是让别人来提供帮助，你就积极地伸出援助之手吧！努力换一个角度来思考，自己将多了一次学习的机会，还可以换一个角色给自己，自己就是这件事的责任人，这样的话，你就知道该如何更好地解决这些问题了吧？

每天多做一点，初衷也许并非是为了获得更多的报酬，但往往获得的要比你预想的报酬还要多。

对艾伦一生影响深远的一次职务提升是由一件小事情引起的。

一个星期六的下午，一位律师（其办公室与艾伦的同在一层楼）走进来问他，哪儿能找到一位速记员，他手头有些工作很紧急，需要当天完成。

公司所有速记员都去观看球赛了，艾伦遗憾地告诉他，如果他再晚来5分钟的话，自己也走了，自己非常喜欢棒球比赛。但艾伦表示，自己愿意留下来帮助他，因为"球赛随时都可以看，但是工作必须在当天完成"。

艾伦做完律师交代的工作以后，律师问艾伦应该付他多少钱。艾伦开玩笑地回答："哦，既然是你的工作，大约1000美元吧。如果是别人的工作，我是不会收取任何费用的。"律师听后笑了笑，向艾伦表示谢意。

艾伦的回答只不过是一个玩笑，并没有真正想得到那1000美元。但出乎意料的是，那位律师竟然真的这样做了。半年之后，在艾伦已将此事忘到了九霄云外之时，律师却找到了艾伦，交给了他 1 000 美元，并且盛情邀请艾伦去自己公司工作，薪水比现在要高出 1 000 多美元。机会就这样被艾伦抓住了。

一个普通的周六下午，艾伦放弃了自己喜欢的球赛，多做了一点事情，最初的动机不过是出于帮助他人的愿望，而不是金钱上的考虑。艾伦并没有义务放弃自己的休息日去帮助他人，但是他那样做了。那样做的结果不仅仅是为自己增加了 1 000 美元的现金收入，而且为自己收获了一个更重要、收入更高的职务。

曾经有一位成功人士向我讲述过他是如何走上成功之路的。

他说："50 年前，我开始踏入社会谋生，先是在一家五金店找到了一份工作，每月只能挣 75 美元。有一天，一位顾客买了一大批货物，有钳子、铲子、马鞍、水桶、盘子、箩筐，等等。原来，过几天这位顾客就要结婚了，提前购买一些生活用品和劳动用具是当地的一种习俗。购买的货物装满了独轮车，骡子拉起来也有些吃力了。送货并非我工作内的事情，但是我愿意那么去做，我为自己能帮助这位顾客运送如此沉重的货物而感到自豪。"

"开始的时候，一切都很顺利，但是，途中一不小心车轮陷进了一个不深不浅的泥潭里，我使出了吃奶的劲儿都弄不出来。恰好，一位心地善良的商人驾着马车路过，他用他的马拖出了载满货物的独轮车，并且帮我将货物送到了顾客家里。在向顾客交付货物时，我仔细清点货物的数目，生怕有什么差错，给顾客带来麻烦，一直到很晚我才推着空车艰难地返回商店。我很累，老板也并没有因我的额外工作而称赞我，但是我为自己的所作所为感到高兴。"

"第二天，那位在路上曾经帮助过我的商人将我叫去，对我说，他发现我工作十分努力，热情很高，尤其注意到我卸货时清点物品数目时非常细心。因此，他愿意为我提供一个月薪500美元的职位。我没有理由拒绝这份工作，从此我走上了致富之路。"

因此，我们不应该有"我必须为老板做什么"的想法，而应该多想想"我能为老板做些什么？"通常人们认为，忠实可靠、尽职尽责完成分配的任务就可以了，但这还远远不够，尤其是对于那些刚刚踏入社会的年轻人来说，这些更不够了。要想取得最后的成功，就必须做得更多一些。一开始我们也许只是从事秘书、会计和出纳之类的事务性工作，难道我们要在这样的职位上做一辈子吗？成功者除了做好本职工作以外，还会做一些不同寻常的事情来培养自己的能力，引起他人的关注，获得更多的机会。

如果你是一名发货员，也许可以在发货清单上发现一个与自己的职责无关的未被发现的错误；如果你是一个过磅员，也许可以质疑并纠正磅秤的刻度错误，以免公司遭受损失；如果你是一名普通的邮差，除了保证信件能及时准确到达，也许可以做一些超出职责范围的事情……这些分外之事也许是专业技术人员的职责，但是如果你能做并且做了，就等于播下了希望的种子，并将最终获得成功。

通常是你付出多少，就会得到多少，这是一个众所周知的因果法则。也许你的付出无法立刻得到相应的回报，那么也不要气馁，应该一如既往地多付出一点。回报可能会在不经意间，以出人意料的方式出现。最常见的回报是加薪和晋升，这些通常是老板给的。除了老板以外，回报也可能来自他人，以一种间接的方式来出现。

对百万富翁成功经验的反复研究证明，额外付出的回报原则，尤其是在这些人早期创业时，这条原则特别重要。当他们的努力和个人价值没有得到老板的承认时，他们往往会选择独立创业，在这个过程中，早期的额外付出使其大受裨益。你付出的努力如同存在银行里的钱，当你需要的时候，随时可以提取。

◎没有机会创造机会

世界上有许多错失良机的可怜虫，当机会来临时，他们却视而不见，充耳不闻，因为他们正躺在床上呼呼睡大觉呢。

机会是不会花费气力去找寻那些浪费时间、投机倒把的人的。机会总是喜欢落在那些整天忙忙碌碌人身上。其实，从逻辑的角度来说，机会应该落在那些时间充裕的人的身上才对，因为他们有大把的时间，落上去的概率会更高，但事实上，机会却总是会落在那些有梦想和有计划的人身上。不要以为机会是活的，会动的，事实上，相反，机会只是一种想法和观念，它只存在于那些能够认清机会人心中。因此，别去问你的老板为什么没有给你加薪，为什么没有提升你，你应该去问那个真正清楚这个问题的人，就是你自己。

那些成绩非凡的穷孩子，他虽然出身卑微，却能干出伟大的事业。富尔顿 ① 因为发明了一个小小的推进机，结果成为美国最著名的工程师；法拉第仅仅凭借药房里的几瓶药，结果成了英国

———————

① 富尔顿：美国著名工程师。1807 年，他利用英国机器制成了世界上第一个蒸汽机轮船"克莱蒙脱号"，是世界上轮船的首创者。他为世界人类航海事业的发展做出了卓越的贡献。

有名的化学家；惠德尼只是靠着小店里的几件工具，竟然成了纺织机的发明者；贝尔用最简单的器械发明了对人类文明有卓越贡献的电话。

美国历史上有许多感人肺腑、催人泪下的英雄人物，他们从一开始就确定了伟大的人生目标，尽管在前进中遭遇了种种艰难险阻，但他们以坚韧的意志力克服了一个又一个的困难，并且最终取得了成功。

失败者总是喜欢找借口，借口通常是："我没有机会！"他们习惯将失败理由归结为没有机会，他们觉得没有人垂青他们，好职位总是让别人捷足先登了。而那些意志力强的人则绝不会找这样的借口，他们不等待机会，也不向他人抱怨，而是靠自己的勤奋努力去创造机会。他们深知这样一个道理：唯有自己才能拯救自己。

一次胜利的战役之后，有人问亚历山大[①]是否是在等待下一次机会，再去进攻另一座城市，亚历山大听后雷霆大怒，吼道："机会？机会是靠我们自己创造出来的，不是我们等出来的。"不断地创造机会，正是亚历山大之所以成为历史上伟大帝王的原因，也唯有不断创造机会的人，才能建立轰轰烈烈的历史辉煌。

做任何事情，总是习惯等待机会是极其危险的。一切努力和都可能因等待机会消失殆尽，而机会却迟迟不肯前来，即使来了，

---

① 亚历山大：古代马其顿国王，亚历山大帝国皇帝。世界古代史上著名的军事家和政治家。

你已经没有了那股迎接它的热情。

生活中，到处都是失业者，我们通常觉得，这是社会经济的发展使得对劳动力的需求不足造成的。但事实上，在一些公司总有许多空缺的职位保留着。在报纸上、人才市场上我们可以看到到处都是招聘的广告。不过，这些职位需要的是那些受过良好的职业训练和勤奋敬业的员工，而不是那些庸才。

如果看了林肯的传记，了解他幼年时代的境遇和后来的成就，年轻人会有何感想呢？小时候，林肯住在一所极其简陋的茅舍里，没有窗户，也没有地板。用今天的居住标准看，他简直就是生活在荒郊野外一般。他的住所距离学校非常非常远，他每天都要往复一个来回。一些生活必需品也很缺乏，更谈不上有阅读报纸、书籍的机会了。然而就是在这样的情况下，他每天坚持走二三十里路去学习知识。为了能借到几本参考书，他不惜步行一二百里路去获得。到了晚上，他靠着燃烧木柴发出的微弱火光进行阅读……林肯只受过一年的学校正规教育，成长于艰苦卓绝的环境之中，但是他却能努力奋斗，成为美国历史上的伟大总统之一，甚至成了全世界努力奋斗的楷模。

成功永远只属于那些具有奋斗精神的人，而不是那些一味等待机会的人。你应该记住，机会更多的时候在于自己的创造。如果你认为个人发展机会掌握在他人手中，那么你的成功概率几乎为零。机会包含于每个人的人格之中，正如未来的橡树包含在现在的橡树的果实里一样。

如果在困境中，林肯说"我没有机会！"这位生长在穷乡僻壤里的穷孩子，如何能入住白宫，成为白宫的主人？同时代有许多出生于良好家庭环境的孩子，他们有能力选择最好的学校，他们有条件走进藏书丰富的图书馆，为什么成就反而不如一个茅舍里出来的苦孩子呢？为什么有许多出生于贫民窟的孩子们能成为议员，成为大银行家、大商人呢？那些大商店和大工厂，有许多不就是为那些说"没有机会"的孩子们创立的吗？

　　"没有机会"，只是失败者的推诿之辞；"创造机会"，是成功者成功的技巧之一。

◎做一个意志坚定的人

美国人做事向来比较急躁，成了世界上最没有耐心的人，这一民族特性得到了世界人民的公认。当然，追根究底、不达目的绝不罢休的精神，是社会前进的动力源泉。然而，这种凡事求快的做法从某种意义上来说也是一项缺点。战争时期，美国士兵们致命的弱点就是缺乏耐心。他们不能沉着应战，经常无端地暴露在敌人的眼前，最后丧身在敌人的炮火之中。

即使是在竞争激烈的商场，也经常是这样。我们常常要求在最短的时间内签订条约，这样就太过于急功近利了，不能从容地从全盘进行考虑。由于缺乏耐心，急于求得结果，最后可能是将机会拱手让给了那些愿意稍作等待的竞争对手。

富兰克林①说："意志坚定的人，将会无往而不利。"意志坚定需要特别的勇气，需要不屈不挠的精神，需要坚持到底的决心，需要对理想和目标全身心地投入。我们所说的意志坚定是动态而非静态的，是主动而非被动的，是一种主导命运的积极力量。

---

① 富兰克林：18世纪美国最伟大的科学家和发明家，著名的政治家、外交家、哲学家、文学家和航海家以及美国独立战争的伟大领袖。

这种力量存在于我们的内心，并且取之不尽，但必须严密地控制和引导，以一种几乎是不可思议的执著，投入到既定的目标中，才能实现人生价值。

只有拥有坚韧不拔的决心，才能战胜各种各样的困难。一个有耐心有决心的人，才会得到他人的信任，才会获得他人帮助；一个有耐心有决心的人，必定是受欢迎的人，所到之处一片掌声。相反，那些做事三心二意、缺乏耐心和毅力的人，没有人愿意信任和帮助他，因为大家都知道他这个人不可靠，他做事不靠谱，选择他会有很大的风险。

有些人最终没有取得成功，不是因为他们能力不够，诚心不足或者没有对成功的热切希望，而是缺乏足够的耐心。这些人做事时往往虎头蛇尾、有始无终，做起事来也是敷衍了事、毛毛草草。他们总是对自己的决定产生怀疑，永远都处在犹豫不决之中。有时候，他们看准了一件事，但刚做到一半又觉得还是另一个更为妥当。他们时而信心百倍，时而又沮丧百倍。这种人也许可能会在短时间取得一些成就，但是从长远的方面来看，最终还是一个失败者。那种遇事迟疑不决、做事优柔寡断的人，是不可能取得最后的成功的。

成功有两个最重要的条件：一是坚定，二是耐心。通常情况下，人们信任那些意志最坚定的人。当然，意志坚定的人同样也会遇到困难，碰到障碍，遭遇挫折，但即使意志坚定的人失败了，也不会一败涂地、一蹶不振。我们经常听到别人问这样的话："那个人还在奋斗吗？"也就是说那个人失败了，但是那个人对前途还没有绝望，他依然在奋斗。

如果某人对公司的前景做了种种惨淡的描述，你仍然不为所动，意志坚定；同时，言谈举止之中能够表现出更加积极进取，并能显示你的忠诚可靠、富有勇气的话，你将是许多大公司最想得到的人。没有这样的品质，无论你才识如何的渊博，也无法得到上司的认可。

一位经理描述了他心目中的理想员工。他这样说道："我们所亟须的人才，是意志坚定，工作起来全力以赴，有奋斗进取精神的人。我发现，最能干的都是那些天资一般，没有受过高深教育的人，他们拥有全力以赴的做事态度和永远进取的做事精神。做事全力以赴的人获得成功几率大约占到九成，剩下一成的成功者靠的是天资过人。"

这位经理的说法代表了大多数管理者的用人标准：一个优秀的工作人员，除了忠诚以外还应加上坚定的意志。具有坚定意志的人能够经受各种挫折，信心固然宝贵，但有时会因力量不足、能力有限而受阻，唯有借助坚定的意志，方能长驱直入，直到成功。

百折不回、永不屈服的坚定精神是获得成功的基础。库雷博士说过："多数青年人的失败都可以归咎于恒心的缺乏。"的确，很多年轻人颇有才华，具备成就事业的种种条件，但他们的致命弱点是缺乏恒心，没有耐力，所以，终其一生，只能从事一些平庸的工作。他们往往遇到一点小困难与小阻力，就立刻退缩，裹足不前，这样的人怎么可以披荆斩棘，勇往直前呢？如果你想获得成功，就必须为自己赢得美誉，让周围的人都知道，任何事情到了你的手里，就一定会做得很好。

　　如果你自己对自己都没有信心，只知糊里糊涂地生活，一味依赖别人做事，那么你迟早会有一天被人踢到一边。相反，一旦你拥有了坚定的意志，极强的忍耐力，聪明机智的头脑，做事敏捷的良好声誉之后，无论在哪里，你都能找到一个适合你的好职位。

下 篇

做自动自发的人

工作本身没有高低贵贱之分，但是对于工作的态度却有高低之别。

老板不在身边，更加卖力工作的人，将会获得更多。

雇主支付给你的工作报酬只是金钱，但你在工作中给予自己的报酬会更多，比如，珍贵的经验、良好的训练、才能的表现和品格的建立，等等。

第四章
对待工作：热爱、努力、勤奋

　　能干、诚实、友善、尽职、淳朴等特征，对准备在事业上有
所作为的年轻人来说，都是不可或缺的，但是更不可缺少的是那
份始终如一的工作热忱。

◎看得起自己的工作

无论你贵为王侯还是身为百姓，无论你是男人还是女人，都不要看不起自己的工作。如果你认为自己所做的工作是卑贱的，那你就犯了一个巨大的错误。

罗马一位演说家说过："所有手工劳动都是卑贱的职业。"从此，罗马的辉煌就成了过眼云烟，只能在自怨自艾中眼望他国的辉煌。

亚里士多德[①]也曾说过一句让古希腊人蒙羞的话："一个城市要想管理得好，就不该让工匠成为自由人。那些人是不可能拥有美德的，他们天生就是奴隶。"

在如今，同样有许多人认为某些工作是低贱的，甚至本身自己就认为自己所从事的工作是低人一等的。他们无法认识自己所从事的工作的价值，只是迫于生活的压力劳动而已。他们轻视自己所从事的工作，自然无法以全部的身心投入其中。他们在工作中敷衍塞责、得过且过，而将大部分心思用在如何摆脱现在的工

---

① 亚里士多德：（前384—前322年），古希腊斯吉塔拉人，世界古代史上最伟大的哲学家、科学家和教育家之一。是柏拉图的学生、亚历山大的老师。

作上面。这样的人在任何地方任何时候都不会有所成就，瞧不起自己的工作，也就是低估了自己的能力。

你一定要记住，所有正当合法的工作都是值得尊敬和热爱的。只要你诚实地劳动和不懈地努力，没有人能够贬低你的价值，关键在于你如何看待自己所从事的工作。那些只知道要求高薪，却不知道自己应该承担何种责任的人，无论是对自己，还是对老板，都是没有价值可言的。

也许某些行业中的某些工作看起来真的是不那么高雅，工作环境也糟糕极了，无法得到社会的承认，但是，请不要忽略这样一个事实：有用才是伟大的真正尺度。在许多年轻人看来，公务员、银行职员或者大公司的白领才称得上是体面的工作，其中一些人甚至愿意花费漫长的时间，去谋求一个公务员的职位。但是，同样的时间内他完全可以通过自身的努力，在现实的工作中找到自己的位置，把自己的全部才能发挥起来，实现最大的人生价值。

工作本身没有高低贵贱之分，但是对于工作的态度却有高低之别。一个人是否把事情做好，只要看他对待工作的态度就可以了。一个人的工作态度，与他本人性情、才能有着密切的关系。一个人的工作态度，也是他人生态度的表现，一生的职业追求，就是他志向、理想的所在。所以，了解一个人的工作态度，在某种程度上就是了解了这个人。

如果一个人轻视自己的工作，将自己所从事的工作看作低贱的事情，那么他就是在看不起自己，不尊敬自己。因为看不起自己的工作，他会倍感工作艰辛、烦闷，自然心情不会好，工作也

一个人是否把事情做好，只要看他对待工作的态度就可以了。

做不好。遗憾的是，当今社会，有许多人轻视自己的工作，不把工作看作是创造一番事业的必由之路和发展才能的有效工具，只是把工作视为衣食住行的供给者，认为工作是谋生的工具，是无可奈何、不可避免的劳碌，这种错误的观念真的需要改一改了！

那些轻视自己工作的人，往往是一些被动适应生活的人，他们不愿意奋斗进取，努力改善自己的生存环境。对于他们来说，公务员类的工作更体面，更有权威性；他们不喜欢商业和服务业，更不喜欢体力劳动，自认为应该生活得更加轻松，应该有一个更好的职位，觉得工作的时间应该更加自由。他们总是固执地认为，自己在某些方面更有优势，会有更光明的前途，但是事实上并非如此。他们只是一群好高骛远的人。

那些轻视自己工作的人，实际上都是一些懦夫。与轻松体面的公务员相比，商业和服务业需要付出更多更艰辛的劳动，需要更多更实际的工作能力。当人们害怕接受挑战时，就会找出种种借口，久而久之，就变得轻视自己的工作了。如果没有猜错的话，这些人在学生时代可能就非常懒散，一旦通过了考试，便将书本抛到一边，以为学的知识已经扎根脑海了，人生坦途都向他展开了。

他们对于什么是理想的工作有许多错误的认识（如果说他们对于工作还存有理想的话）。莱伯特对这些人曾提出过警告："如果人们只是追求高薪与政府职位，是非常危险的事情。它说明这个民族的独立精神已经枯竭；或者说得更严重些，一个国家的国民如果只是苦心孤诣地追求高薪和政府职位，会使整个民族将像奴隶一般地生活。"

　　轻视现在所从事的工作，懒懒散散度过每一天，只会给我们带来更大的不幸。有些年轻人用自己的天赋来创造美好的未来，为社会做出了贡献；也有些年轻人没有生活的目标，做事畏首畏尾，埋没了自己的潜能，浪费了大把的时间，到了晚年只能苟延残喘度日。本来可以创造辉煌的人生，结果却与辉煌失之交臂，这不能不说是一个巨大的遗憾。一个农夫，如果轻视自己所从事的事，即使有成为华盛顿的机会，也只能终日面朝黄土背朝天。

◎别只为薪水而工作

　　总有一些年轻人，自认为是天之骄子，走出校门参加工作后，就认为自己应该得到重用，就应该得到相当丰厚的报酬。他们没有什么工作经验，空有一张文凭，和那些等待着应用于实践的理论。似乎薪水成了他们衡量一切的标准，在薪水上相互攀比是他们最爱做的事。事实上，这些刚刚踏入社会的年轻人，虽然豪情万丈，但是的确缺乏工作经验，是很难委以重任的，薪水自然也不会很高。这样一来，这些年轻人的怨言就更多了。

　　这些年轻人也许是亲眼看见或者亲耳倾听了父辈和他人被老板无情压榨的事实，因而他们将社会看得比上一代人更冷酷、更严峻、更现实。在他们看来，我为公司工作，公司付给我一份报酬，等价交换而已，给多少钱，干多少活。除了薪水以外，难道就没有其他的东西了吗？那些在校园中编织的美丽梦想呢？也消失了吗？这些人没有了信心，没有了热情，工作时总是采取一种应付的态度，能少做就少做，能躲避就躲避，工作就是敷衍了事，好像这样做就报复了他的老板。这样做也许真的对得起了自己挣的那份薪水，但是你想过没有，这样做是否能对得起自己的前途？是否对得起家人和朋友的那份期待？是否能对得起自己曾经的梦想？

为什么会出现这样的情况？原因在于这些人对于薪水这个东西缺乏更深入的理解。大多数人总是不满足的，认为自己目前所得的薪水太微薄了，在这种不满足的心理驱使之下，比薪水更重要的东西也放弃了，这样太可惜了。

不要仅仅是为了薪水而工作，因为薪水只是你工作所得的一种报偿方式，虽然是最直接的一种，但也是最短视的一种。一个人如果只是为薪水而工作，没有更远大的目标，显然不是一种好的选择，最终，受到伤害最深的不是别人，而是你自己。

一个仅仅是以薪水为个人奋斗目标的人，将无法走出短视、平庸的生活模式，也从来不会获得真正的成就感。虽然薪水是我们工作的目的之一，但是从工作中能真正获得的绝对不仅仅是装在信封中的那些钞票。

相关心理学家通过观察后发现，金钱在达到某种程度之后，就不再诱人了。即使你还没有达到那种境界，但是如果你在意内心的感受的话，就会发现金钱只不过是种种报酬中的一种。不信，你可以请教那些事业有成的成功人士，问问他们在没有优厚的金钱回报下是否还继续从事自己的工作，大部分人的回答都是："是的！我不会改变我的初衷，因为我热爱这份工作。"想要攀上成功的阶梯，最聪明的方法就是，选择一份即使酬劳不多也愿意去做的工作。当你热爱自己所从事的工作时，金钱就会相伴而来。你将成为竞相聘请的对象，会获得更加丰厚的酬劳。

工作的质量决定了生活的质量。无论薪水高低，工作中都应该积极进取、尽心尽力，能使自己的内心更加充实，这往往是事业成功者与事业失败者的不同之处。工作过分轻松随意的人，无论从事什么工作都不可能获得真正的成功。将工作仅仅当作赚钱谋生的手段，这种想法本身就会让人蔑视。

只为薪水而工作，看起来目的很明确，但是往往容易被短期利益蒙蔽了心智，使人看不清未来发展前途，结果是即使日后奋起直追，紧追慢赶，也无法超越。

那些不满于薪水而敷衍了事工作的人，自然会对老板造成一种损害，但是长此以往，最终伤害的还是自己，慢慢地会断送希望，一生只能做一个庸庸碌碌、心胸狭隘的庸人。在日复一日的敷衍中埋没自己的才华，湮灭自己的创意。

因此，即使是拿着微薄的薪水，你也应该懂得，雇主支付给你的工作报酬虽然是金钱，但你在工作中给予自己的报酬会更多，比如，珍贵的经验、良好的训练、才能的表现和品格的建立，等等。这些东西与金钱相比，其价值要高出千倍万倍。如果你愿意去研究那些成功人士，你会发现，他们并非一开始就成功，根本不是始终高居事业的顶峰。在他们的一生中，会有多次攀上顶峰又坠落谷底的经历，虽然他们的路跌宕起伏，但是有一种东西始终伴随着他们，那就是经验能力。经验能力能帮助他们重返事业的巅峰，笑傲人生。

不要仅仅是为了薪水而工作，工作所给予你的要比你为它付出的多得多。如果你尽心尽力工作，一直在进步，你就会有一个良好的人生记录，使你在这家公司甚至这一行拥有一个好名声，良好的声誉将陪伴你一辈子。

遗憾的是，有些人上班时总喜欢"忙里偷闲"，他们要么上班迟到、早退，要么在办公室与人闲聊或网上冲浪，要么借出差之名到处游山玩水……这些人也许并没有因此被开除或扣减薪水，但他们会落得一个很不好的名声，也很难有晋升的机会。如果他们想跳槽加薪，也不会有人对他们感兴趣。

一个人如果总是为自己到底应该拿多少薪水而大伤脑筋的话，又怎么能看到薪水背后可能获得的成长机会呢？又怎么能意识到从工作中可能获得的技能和经验呢？又怎么会明白对自己的未来将会产生多么大的影响呢？这样的人只会无形中将自己困在装着薪水的信封里，永远也不懂得自己真正需要的是什么。

有所施定有所获。如果工作时你能尽心尽力，不敷衍了事，不偷懒混日，即使现在的薪水微薄，未来一定有更大的收获。

当然，你一定要相信，大多数老板都是精明的，都希望能吸引到更多富有才干的员工，并且会根据每个人的努力程度和业绩来晋升、加薪。那些在工作中能尽心尽力、坚持不懈的人，终会有晋升的一天，薪水自然会随之提高。

但是，精明而睿智的老板们在鼓励员工时并不会直接说："好好干，我会给你加薪的。"而是会这样说："好好干吧，将你的全部本领拿出来，有更重要的任务交给你！"你放心，与任务而来的自然是薪水的提高。

无须担心自己的努力会被忽视，当你全心全意工作时，相信你的老板会注意到。在你冥思苦想该如何多赚一些钱之前，试着想想如何把现在的工作做得更好，这样的话，你就根本不需要为多赚一些钱而担忧了。别再冥思苦想该如何说服老板接受为你加薪的理由，好好地奉献自己的时间和精力，在每一份工作中竭尽所能，你的薪水自然会得到提升。

那些职位低、薪水微薄的人，忽然被提升到一个重要的位置上，看起来似乎有些突然，甚至遭受人们的质疑。但实际上，没有什么好怀疑，他们应该得到这样的待遇，因为在他们拿着微薄的薪水时，始终没有放弃努力，始终保持一种积极进取的工作态度，满怀希望和热情地朝着自己的目标努力，在此过程中获得了丰富的经验，而这些正是他们得以被提升的原因所在。

如果你做每一件工作都是热忱、友善，不计报酬的，那么你就将自己与那些花费大部分时间纠结休息、福利、薪水和下班时间的人区分开来了。

如果你发现自己的老板并不是一个睿智的人，并没有注意到你所付出的努力，也没有给予相应的回报，那么也不要沮丧，你可以换一个角度来思考：现在的努力并不是为了现在的回报，而是为了更远的未来。投身于职场是为了将来的自己，是在为自己而工作。生活并不是只有现在，而有更长远的未来。当然，薪水也要努力多挣，但那只是人生规划中的小问题，最重要的是获得不断晋升的机会，为未来获得更多的收入奠定基础。发展才是硬道理，生存问题最终还是需要通过发展来解决，如果眼睛只盯着温饱，得到的永远只是温饱。

手工业时代，有的男孩为了学一门手艺常常拜师学艺多年，却无法拿到一分钱的薪水，但是他们毫无怨言，因为他们学到的是能养活自己一生的本领。而现在的年轻人，在学本事的同时还可以拿到薪水，却满腹牢骚。

原因就是两者对于薪水的看法不同。在手工业时代的男孩和家长看来，能有一个好的学习技能和知识的机会就十分难得了，他们一切努力和付出都是为了未来能开办属于自己的作坊和店铺。而现在年轻人则更注重现实利益，工作的目的是为了赚钱，赚钱的目的是为了消费与享受。

许多商界名人在刚开始工作时收入都不高，但是他们从来没有将眼光局限于此，而是始终坚持不懈地努力工作。在他们看来，他们缺少的不是金钱，而是能力、经验和机会。他们功成名就的荣耀，又怎能是金钱所能衡量得了的！

你的老板可以控制你的薪水，可是他却无法遮住你的眼睛，捂上你的耳朵，阻止你的思考，限制你的学习。换句话说，他无法剥夺你因此而得到的回报，也无法阻止你为未来所做的努力。

也许你无法命令老板该做什么不该做什么，但是你却可以让自己按照最佳的方式行事；也许你的老板不是很有风度，但是你应该要求自己做事要有原则。你不应该因为老板的缺点而不努力工作，而埋没了自己的才华，毁了自己的未来。总之，不论你的老板有多么吝啬，多么刻薄，你都不能以此为借口放弃努力的机会。

比较一下两个具有相同背景的年轻人：一个热情主动、积极进取，对自己的工作总是精益求精，总是为公司的利益着想；而另一个总喜欢投机取巧、敷衍了事，总嫌自己的薪水微薄，总把自己的利益放在第一位。如果你是老板，你会雇用谁？或者说你会给谁更多的发展机会呢？

　　世界上大多数人都在只为薪水而工作，如果你能不只是为薪水而工作，你就超越了芸芸众生，也就迈出了成功的第一步。

◎工作并快乐着

即使你的处境不如人意，那也不应该厌恶自己的工作，世界上再也找不出比厌恶自己的工作更糟糕的事情了。如果环境迫使你不得不做一些令人乏味的工作，你应该想方设法使你的工作充满乐趣。用那种积极的态度投入工作中去，只要你那么做了，你会发现，无论你做什么，都有快乐蕴含其中。

人可以通过工作提升能力，可以通过工作获取经验，更可以通过工作获得快乐。你对工作投入的热情越大，信心就越大，工作的效率也就越高。当拥有工作的热情时，上班就不再是一件苦差事，工作就变成了一种乐趣。你热爱工作，机会就会青睐你，就会有更多的人愿意聘请你来做你所喜欢的事。工作是为了让自己更快乐，你要记住这一点！如果你每天工作8小时，你就等于在快乐中畅游8个小时，快乐的工作，是一个多么合算的事情啊！

我见过许多不快乐的员工，他们在大公司工作，拥有渊博的知识，受过专业的训练，朝九晚五穿行在写字楼中，有一份令人羡慕的工作，拿一份不菲的薪水，但是在他们的脸上看不见丝毫的快乐。他们是一群孤独的人，他们不喜欢与人交流，他们更不喜欢星期一；他们把工作看作是紧箍咒，工作是为了生存迫不得已的行为；这些人大多精神紧张，未老先衰，常常患胃溃疡和神经官能症，他们的健康状况令人担忧，亚健康比较青睐这些人。

当你能工作并快乐着时，就会如愿以偿，就会爱你所选，不轻言变动。如果你觉得工作的压力越来越大，情绪越来越紧张，在工作中感受不到丝毫乐趣，从来没有喜悦的满足感时，就说明有些事情不对劲了。如果你不能从心理上调整自己，即使换一万份工作，也不会有所改变。与其频繁跳槽，不如改变自己。

一个人工作时，如果能以精益求精的态度，火焰般的热情，充分发挥自己的专长，那么不论做什么样的工作，都不会觉得乏味而痛苦。如果我们能以满腔的热情去做最平凡的工作，也能成为行业里的行家里手；如果我们以冷淡的态度去做最不平凡的工作，也只能是行业里的滥竽充数者。三百六十行，行行出状元。各行各业都有发展才能的机会，实在没有哪一项工作是可以小瞧的。

如果一个人轻视、厌恶自己的工作，那么他不可能取得成功。引导成功者的磁石，不是对工作的轻视与厌恶，而是对工作热情与乐观的精神和百折不挠的勇气。

不论你的工作是怎样的卑微，都当以艺术家精益求精的精神去审视，以十二分的热忱去追求。这样，你就可以从迷惑的境况中解脱出来，不再有劳碌辛苦的感觉，厌恶的感觉也自然消散，一种由工作带来的快乐油然而生。

我经常听到一些刚刚毕业的大学生抱怨自己所学的专业，于是我试着向他们提出这样的问题："如果你所学的专业与个人的志趣南辕北辙，那么，当初为什么要选择它呢？如果你已经为这个专业付出了四年的时光，或者甚至更多的时间，这说明你对自己所选的专业虽然谈不上热爱，但至少可以忍受，还有什么可抱怨的呢。"

任何抱怨都是逃避责任的借口，无论对自己还是对社会都是不负责任的。想一下亨利·凯撒吧，他是一个真正成功的人，不仅因为冠以其名字的公司拥有 10 亿美元以上的资产，更因为他的慷慨与仁慈，他使许多哑巴开口讲话了，使许多跛者过上了正常人的生活，使许多穷人以低廉的费用得到了医疗保障……所有这一切，都是因为亨利的母亲在亨利的心田里早已播下了希望的种子，凯撒只是让它生长出来而已。

玛丽·凯撒给了儿子亨利无价的礼物——教他如何实现人生的价值。玛丽在工作了一天之后，总要花一段时间做义务工作，帮助那些不幸的人。她常常对儿子亨利说："亨利，不工作就不可能完成任何事情。我没有什么可留给你的，只有一份无价的礼物：快乐地工作。"

亨利·凯撒说："我的母亲最先教给了我对人的热情和帮助他人的重要性。她常常说，热爱人和帮助人是人生中最有价值的事。"

如果你能理解上面的话，能掌握了积极快乐工作的法则，能够将个人兴趣和自己的工作结合在一起，那么，你的工作将不会显得特别的辛苦和单调。兴趣会使你的整个身体充满活力，使你事半功倍，不会觉得疲劳和辛苦。

我们工作不仅是为了满足生存的需要，同时也是实现个人人生价值的体现，一个人总不能无所事事地终老一生，应该试着将自己的爱好与所从事的工作结合起来，如果能够这样的话，无论做什么工作，都会乐在其中，而且会从内心里热爱自己所从事的职业。

　　成功者总是工作并快乐着，并且能将这份快乐传递给他人，使大家不由自主地接近他们，乐于与他们相处或者共事。人生最有意义的就是工作，与同事相处是一种缘分，与顾客、生意伙伴相处是一种乐趣。

　　罗斯·金说："只有工作，才能让自己精神焕发；在工作中不断思考，工作是件很快乐的事。工作与快乐绝对密不可分。"

◎热忱是工作的灵魂

我欣赏那些充满热忱工作的人。热忱可以与人分享，而不影响其原有的热度，热忱分享给别人之后不会减少一丝一毫，反而会增加。你付出的越多，得到的也就越多。生命中最巨大的成就并不是来自财富的积累，而是来自于热忱所带来的精神上的满足。

当你满怀热忱工作，并努力使你的老板和顾客都满意时，你所获得的就会越来越多。充满热忱地去做人做事吧，因为它是一种神奇的要素，能吸引具有影响力的人，热忱是走向成功的一块基石。

能干、诚实、友善、尽职、淳朴等特征，对准备在事业上有所作为的年轻人来说，都是不可或缺的，但是更不可缺少的是那份始终如一的热忱。热忱的人会将奋斗、拼搏看作是人生的快乐。

那些所谓的人类文明的先行者、英雄、诗人、发明家、艺术家、音乐家、作家、大企业的创造者，无论他们来自什么民族、什么地方、什么时代，他们就是引导着人类从野蛮社会走向文明的引路者，这些引路者都是满怀热忱的人。

如果你不能使自己的全部热忱都投入到工作中去，那么无论你做什么工作，都可能沦为平庸之辈。平庸的你将无法在人类的历史上留下任何印记。做事马马虎虎、冷冷淡淡就只能在平平淡淡中度过一生。如果是这样的话，你的人生结局将和成千上万的平庸者一样。

热忱是工作的灵魂，热忱是生活的本身。如果你不能从每天的工作中找到乐趣，仅仅是为了生存才不得不从事工作，仅仅是为了生存才不得不完成职责，那么你的人生注定暗淡无光，注定是要失败的。

当年轻人以得过且过的状态工作时，他们一定犯了某种错误，或者是错误地选择了奋斗的目标，使他们在自己不感兴趣的职业道路上举步维艰，白白地浪费了很多的精力。这样的人需要某种内在力量使他们觉醒，这些人应当被告知：他们可以做自己认为最好的工作，他们应当根据自己的兴趣爱好把自己的才智发挥出来，根据个人的能力，使它在工作中增至原来的10倍、20倍、100倍。

这是一个年轻人的时代。从来没有什么时候能像今天这样，给满腔热忱的年轻人提供了如此多的机会！年轻人成真与美的阐释者，年轻人成为破解大自然秘密的开拓者。那些准备把生命奉献给工作的年轻人、那些热情洋溢地生活的年轻人成了这个时代的弄潮儿。各行各业，人类活动的每一个领域，都在呼唤着满怀热忱的人。

热忱不能容忍任何有碍于实现既定目标的干扰。它拥有战胜所有困难的强大力量，它能使你保持清醒的头脑，能使你所有的神经都处于兴奋状态，它能走进你内心的渴望，并把它激发出来。

人的热忱是很难被压制住的。著名音乐家亨德尔年幼时，家人不准他碰乐器，甚至不让他去上学，生怕他会学一个音符。但这一切阻碍都不管用，亨德尔会在半夜里悄悄地跑到秘密的阁楼里去弹钢琴；莫扎特年幼时，整天要做大量的苦工，但是到了晚上，他还要偷偷地去教堂聆听风琴演奏，他的全部辛劳都融化在了音乐里；巴赫年幼时，只能在月光底下抄写学习自己喜欢的东西，连点一支蜡烛的要求也会被拒绝。他手抄的资料还有随时会被没收的危险，但是他从来没有灰心丧气；同样，奥利布尔年幼时，皮鞭和责骂整天折磨着他的坚韧，但是他充满热忱的心从未降温，苦难使他更加专注地投入到他的小提琴曲中。

没有满腔的热忱，军队就不可能打胜仗，雕塑就不会栩栩如生，音乐就不会震撼心灵，自然就不能被人类所驾驭，建筑就不会拔地而起，诗歌就不能与人产生共鸣，慷慨无私的爱也就不会出现在这个世界上。

热忱使勇敢的人拔剑而出，为人类的自由而战；热忱使樵夫举起斧头，开拓人类文明之道路；热忱使弥尔顿和莎士比亚拿起了手中的笔，在树叶上记下了他们火热的思想。

博伊尔说："离开了热忱，伟大的创造是无法做出的。这也正是一切伟大事物激励人心之处。离开了热忱，任何人都算平淡无奇；拥有了热忱，任何人都不可以小觑。"

所有伟大成就的取得过程中最具有活力的因素就是热忱。它融入了每一项发明、每一尊雕塑、每一幅图画、每一首伟大的诗、每一部让世人惊叹的小说、每一篇感人肺腑的文章当中。热忱是一种精神的力量，它的本质就是一种积极向上的力量。

最好的劳动成果，总是由那些头脑聪明并具有工作热情的人完成的。在一家大公司里，那些职场老油条们总是嘲笑一位年轻而且充满工作热情的同事，因为这个年轻人职位低不说，还总是做许多自己职责范围以外的工作。然而不久，这个年轻人就被挑了出来，当上了部门经理，进入了公司的管理层，那些嘲笑他的职场老油条们只有瞠目结舌的份了。

与其说成功是取决于人的才能，不如说是取决于人的热忱。命运总是为那些具有真正的使命感和自信心的人大开绿灯，到生命终结的时候，他们依然热情不减，依然一路畅通。无论出现什么样的困难，无论前途看起来多么的暗淡无光，他们总是相信能够把心目中的理想蓝图变为现实。

热忱，使我们的意志更加坚强；热忱，使我们的决心更加坚定！它给我们的思想以力量，促使我们立刻行动，直到把"可能"变成"一定"。不要畏惧他人的评论，如果有人总是以半怜悯半轻视的语调把你称为"狂热分子"，那么就让他说去吧。如果在你看来，有一件事情值得你为它付出，虽然实施起来并不是那么容易，那么也不要畏惧，把你能够发挥的全部热忱都投入进去吧。至于那些指手画脚站着说话不腰疼的人，你大可不必理会。要知道，笑到最后的人，才是笑得最好的人。从不半途而废，从不害怕冷嘲热讽，从不会犹豫不决，从不胆小怕事的人往往是取得成就最多的人。

一个人要是把他的精力高度集中于他所做的事情上（心甘情

愿地投入其中），是根本没有工夫去考虑别人的非议的，而世人也终究会承认他的所作所为。

你充分认识到你所做的工作的价值和重要性，它对这个世界来说是不可或缺的一部分。全身心地投入到你的工作中去吧，把它当作你一项特殊的使命，把这种信念深深植根于你的头脑之中，成功就会离你不远了！

源源不断的热忱，可以使你永葆青春，让你的心中永远充满阳光。记得有两位伟人如此警告说："请用你的所有，换取对这个世界的理解。"而我要说："请用你的所有，换取对工作的热忱。"

◎ "让我们勤奋工作！"

"让我们勤奋工作！"这是古罗马皇帝临终前留下的遗言。当时，士兵们全部聚集在他的周围。

勤奋是罗马人的伟大品质，也是他们征服世界的秘诀所在。那些战功显赫的将军胜利归来之后都要归乡务农。当时，农业生产尤为发达，务农也非常受人尊敬，罗马人之所以被称为优秀的农业家，其原因也正在于此。

正是因为当时的罗马人推崇勤劳的品质，才使整个罗马帝国逐渐强大。

然而，随着财富日益丰富，奴隶数量日益增多，劳动对于罗马来说就变得不再必要了，于是，整个国家开始走下坡路。结果，好逸恶劳的人越来越多，犯罪横行、腐败滋生，一个有着崇高精神的民族已经变得声名狼藉了。

世界上到处是一些看来马上就要成功的人。在很多人看来，这些即将成功的人能够并且应该成为这样或那样非凡的人物。但是，这些人并没有成为真正的成功者。原因何在呢？原因在于他们没有付出走向成功的代价。他们希望到达辉煌的巅峰，但不希望越过那些阻碍的梯级；他们渴望获得最后的胜利，但不希望参加战斗与挑战；他们希望一切都一帆风顺，不愿遭遇任何阻力羁绊。

懒惰的人会常常抱怨，自己没有能力让自己和家人衣食无忧；勤奋的人则会说，我没有什么特别的能力，但我能够拼命干活以挣取面包。

古罗马有两座圣殿，一座是美德的圣殿，一座是荣誉的圣殿。古罗马人在安排座位时有一个顺序，即必须经过美德的圣殿的座位，才能达到荣誉的圣殿的座位。寓意就是勤奋的美德是通往荣誉圣殿的必经之路。

行为决定习惯，习惯决定品质。一个人的品质是多年行为习惯重复的结果。

行为习惯重复多次就会变得不由自主，似乎不费吹灰之力就可以无意识地、反复做很多事情，最后不这样做已经不可能了，于是形成了人在某方面的品质。

因而，一个人的品质受思维习惯与成长经历的影响，他在人生中可以做出不同的努力，做出善或恶的选择，最终决定一生的品质。

有一个可怜的失业者，他为人忠厚，从不逃避工作。他渴望工作，却总是被拒绝在工作的门外。尽管他曾经努力地去尝试，结果依然是失败，这又该作何解释呢？查看他以前的工作经历我们可以发现，年轻时他曾经做过许多事情，但总是觉得负担太重而逃避。年轻时他渴望过上一种安逸的生活，将无所事事看成是人生最大的乐趣。年轻的时候没有珍惜每一次机会，现在他终于尝到苦果了，他原本渴望的"美好生活"，只能在一次次被拒绝中泯灭，这又能怪得了谁呢？好在这个人终于意识到了这一点，改掉自己好逸恶劳的恶习，努力去寻找一份自己力所能及的工作，相信他的境况也会逐渐有所改变的。

无所事事会令人退化，贪图安逸将会使人堕落，只有勤奋努力才能给人带来真正的幸福和快乐。

第五章

对待公司：敬业、责任、忠诚

勤奋敬业的名声是人生最大的财富，它会带给你意想不到的收获。要想在公司中大有作为，就要抱着非做成不可的决心，抱着追求尽善尽美的态度。

◎敬业是你的使命所在

敬业是你的使命所在，是人类共同拥有和崇尚的一种精神。从通常的意义上来讲，敬业就是敬重自己的工作，将工作上的事当成自己的事，敬业的具体表现为忠于职守、尽职尽责、负责严谨、一丝不苟、善始善终等职业道德。敬业的道德感会在社会上发扬光大，使敬业精神成为一种最基本的做人之道。敬业是把人的使命感和道德责任感融合在了一起，是成就事业的重要条件。

任何一家公司，要想在竞争日益激烈的市场万象中脱颖而出，就必须想方设法调动起每个员工的积极性，发挥每个员工的敬业精神。敬业的员工能够给顾客提供高质量的服务，能够生产出高质量的产品。推而广之，一个国家如果想屹立于世界之林，也必须使其人民具有敬业精神。警察应该尽职尽责地为民众服务；行政官员应该勤奋思考并制订和执行相关政策；议员代表应该勤于问政，了解民情。只有每个人干一行爱一行，才能被称为敬业的社会。

遗憾的是，无论从事什么行业，无论到什么地方，我们总是能发现一些投机取巧、逃避责任、寻找借口之人，他们不仅缺乏一种神圣的使命感，而且缺乏必要的敬业精神。

敬业从表面上来看是有益于公司，有益于老板的，但最终的受益者却是自己。

如果我们能将敬业变成一种习惯，就能从中学到更多的知识，积累更多的经验，就能全身心投入工作之中，并在工作之中感受到快乐。这种习惯或许不会有立竿见影的效果，但可以肯定的是，当"不敬业"成为一种习惯时，其结果却是立竿见影的。工作上投机取巧也许会给你的公司带来一点点的影响，会给你的老板带来一点点的经济损失，但是却可以毁掉你长长的职业前途。

一个人的成败与自己的道德品质有很大的关系。一个勤奋敬业的人也许并不会马上获得上司的赏识，但至少可以获得他人的敬佩与尊重。那些投机取巧之人即使利用某种手段爬到一个高位，但往往被人视为道德品质恶劣，不能获得他人的尊重，这无形中给自己的成功之路设置了障碍，早晚有一天会从高位上跌落。投机取巧、不劳而获也许非常有诱惑力，但很快就会付出沉重的代价，他们会失去最宝贵的资产——名声。勤奋敬业的名声是人生最大的财富，它会带给你意想不到的收获。

有一位颇有才华的年轻人，他聪明机智，能力一流，但是却工作散漫，缺乏敬业精神。一次报社急着要发稿，他却搂着稿件在家里睡大觉，影响了整个报纸的出报计划。这种人很难得到尊重与提升。人们往往更尊敬那些能力中等但极为敬业的人，而不会尊敬一个能力一等，但没有一点敬业精神的人。

如果能够得到他人的尊重，就会获得更多的自尊心和自信心。不论你的职位多么低，不论你的工资多么少，不论你的老板多么不器重你，只要你能忠于职守，全心全意地投入自己的精力和热情，渐渐地你会为自己的工作感到骄傲和自豪，就会赢得他人的尊重与爱戴。以主人翁的心态去对待你的工作，工作自然而然就能做得更好，也会得到更多的尊重，离成功的机会也就越来越近了。

喜欢投机取巧不劳而获的人，往往是一个对工作不负责的人，这样的人缺乏自信，也无法体会工作的乐趣。你要知道，当你逃避或将工作推给他人时，实际上也是将自己的信心和快乐送给了他人。这样的傻事你怎么舍得去做？

曾经有人问过一位成功学家："你认为大学教育对于年轻人的将来是必要的吗？"

关于这个问题，我们很多人都想知道，不是吗？先来听听这位成功学家的回答吧，他回答道："单单对经商而言，大学教育不是必需的。商场上需要的更多的是敬业精神。事实上，对于大多数年轻人来说，比大学教育更重要的是应当培养自己全力以赴的工作精神。然而，很多年轻人进了大学就意味着开始了他一生中最惬意最快活的时光，他们在大学里吃喝玩乐。当他们走出校园时，正值生命的黄金时期，但在大学期间闲散的生活方式，让他们很难将自己的全部身心集中到工作上，结果眼睁睁地看着成功机会从身边溜走，真是可惜极了。"由此可见，人的敬业精神要随时随地的培养，如果本来已经懒散惯了，要想再改变就难了。

◎ 追求尽善尽美的态度

很久以前，一位富翁要出门远行，临行前他把他的三个仆人叫到一起，并把财产委托他们保管。依据这三个仆人以往的能力表现，他给了第一个仆人 10 两银子，给了第二个仆人 5 两银子，给了第三个仆人 2 两银子。

拿到 10 两银子的第一个仆人把富翁给他的 10 两银子用于经商，最终赚到了 10 两银子；拿到 5 两银子的第二个仆人把富翁给他的 5 两银子用于投资，最终赚到了 5 两银子；拿到 2 两银子的第三个仆人却把富翁给他的 2 两银子埋在了土里，最终这 2 两银子始终是 2 两银子。

过去了很长一段时间，富翁回来了，他与这三个仆人开始结算。拿到 10 两银子的第一个仆人带着本钱和另外赚到的 10 两银子来见富翁。主人看了说道："做得非常好！你是一个很有想法且充满自信的人。我会让你掌管更多的事情。现在就去享受你的奖赏吧。"

接着，拿到 5 两银子的第二个仆人带着他的本钱和赚到的 5 两银子来见富翁。主人看了说道："做得非常好！你是一个很有想法且充满自信的人。我会让你掌管更多的事情。现在就去享受你的奖赏吧。"

最后，拿到 2 两银子的第三个仆人拿着那始终未变的 2 两银子来见富翁，并且说道："我亲爱的主人，我知道您是一个把金钱看得很重的人。拿着仅有的本钱去投资，就像收获没有播种的土地，收割没有撒种的庄稼，我很害怕。于是把您给我的 2 两银子埋在了地下，这样的话就不会有什么损失。"富翁回答道："你是个没有自信而且懒惰的人，你既然知道我看重金钱，想收获没有播种的土地，收割没有撒种的庄稼，那么你至少就应该把钱存到银行里，以便我回来时能拿到我的那份利息。我会把它给帮我赚到银子的人，我要给那些已经拥有很多的人，使他们变得更加富有；而对于那些没有给我带来什么收益的人，我甚至会剥夺他已经拥有的。"

第三个仆人原以为自己会得到富翁的赞赏，因为他保住了富翁给他的那 2 两银子。在他看来，虽然没有使金钱增值，但也没有使金钱减少，他中规中矩地完成了富翁交代的任务了。然而他的主人却不这么认为。他不想让自己的仆人顺其自然，而是希望他们能主动些，变得更加优秀。

不要满足于"还可以"的工作表现，要做就要做到最好，要做就要自动自发，这样你才能成为不可或缺的人物。虽然任何事情都不可能十全十美，但是在我们不断增强自己的力量、不断提升自己的时候，我们对自己要求的标准会越来越高。这就是超越平庸，勇于进取的精神。

对于大多数人来说，随波逐流就是平庸。平庸是最容易选择的路。为什么在我们可以选择更好时我们总是选择平庸呢？如果你可以在一年之中有一天超乎寻常，那为什么不能让这 365 天都超乎寻常呢？为什么我们只能做别人正在做的事情？为什么我们不可以超越平庸，战胜自我呢？

如果一个运动员随波逐流的话，那么他也不会赢得奥林匹克竞赛。能摘取金牌的运动员必须超越所有的同项目参赛人员。我厌倦了平庸，这样的感觉之下，我写下了如下的话：

不要总认为别人对你的期望值比你对自己的期望值高。如果有人在你所做的工作中挑出毛病，那么你就是不完美的，你不需要去找借口。承认你的确存在一定的问题，并承诺自己可以做得更好。千万不要极力地为自己辩解，所谓的捍卫自己的尊严。当我们可以选择可以做得更好时，又何必偏偏选择平庸呢？我讨厌有人说自己的天性如此，要求不太高，没有别人那么强的上进心。

超越平庸，你可以做得更好。这是一句值得我们每个人一生追求的格言。有无数人因为养成了轻视工作、马马虎虎的习惯，以及对手头工作敷衍了事的态度，终致一生处于社会底层，碌碌无为度过一生。

在某大型机构一座标志性的建筑物上，有句很让人感动的格言："我们这里，一切都追求尽善尽美。""追求尽善尽美"是值得我们每一个人深思的一句话，如果每个人都能牢记这一句话，实践这一句话，无论做任何事情，都会竭尽全力，以求得尽善尽美的结果，那么你的福利不知要好多少倍。

打开历史的画卷，你会发现，充满着由于疏忽、敷衍、畏难、偷懒、轻率而造成的可怕惨剧。不久前，在宾夕法尼亚的奥斯汀镇，因为筑堤工程没有照着设计去筑石基，结果堤岸建成之后，全线溃决，全镇都被淹没了，无数人死于这场事故。像这种因工作疏忽而引起的悲剧很多很多，在我们这片辽阔的土地上，什么事情都有可能发生。任何地方，都有人犯疏忽、敷衍、偷懒的错误。如果每个人都能凭着良心做事，不怕多一些困难，不会半途而废，那么非但可以减少不少的悲剧，而且会做得更好。

养成了敷衍了事的恶习之后，做起事来往往就会偷奸耍滑。这样，人们最终必定会轻视他的工作，从而轻视他的人品。平庸的工作，就会造成平庸的生活。工作是生活的一部分，做着平庸的工作，不但使工作的效能降低，而且还会使人丧失做事的才能。所以平庸的工作，实在是摧毁理想、堕落生活、阻碍前进的大敌。

要想在公司中大有作为，就要在做事的时候，抱着非做成不可的决心，抱着追求尽善尽美的态度。世界上那些为人类创立新理想、新标准，扛着进步的大旗，为人类造福的人，都是具有这样素质的人。无论做什么事，如果只是以做到"还可以"为满意度，或是半途而废，那就不可能取得真正的成功。

有人说过："轻率和疏忽所造成的祸患不相上下。"许多年轻人之所以失败，就是败在了做事轻率这一点上。做事轻率的人对自己所做的工作不可能做到尽善尽美。

大部分年轻人，好像不知道职位的晋升，是建立在忠实履行日常工作职责的基础上的。只有尽职尽责地做好目前所做的工作，才能渐渐地获得他人的认可，得到晋升的机会。

要想在公司中大有作为，就要在做事的时候，抱着非做成不可的决心，

抱着追求尽善尽美的态度。

许多人在寻找自我发展的机会时，常常会有这样的疑问："做这种平凡乏味的工作，能有什么希望呢？"其实，在极其平凡的岗位上，极其低微的位置上，往往蕴藏着巨大的机会。只要把自己的工作做得比别人更完美、更迅速、更专注，调动自己全部的智慧，把小事做好，甚至做得很精彩，这样才能引起别人的注意，让自己的闪光点发出光芒，实现心中的愿望。

每当做完一项工作以后，你应该这样说："我愿意做那份工作，我已竭尽全力、尽我所能去做了，比起赞誉，我更愿意听取他人的批评。"

成功者和失败者的分水岭在于：成功者无论做什么，都力求尽善尽美，丝毫不会放松，失败者无论做什么，都敷衍了事，马马虎虎；成功者无论做什么职业，都不会轻率、疏忽，失败者做什么都习惯于轻率、疏忽。

在如今的社会，你工作的质量决定你生活的质量。在工作中你应该严格要求自己，要做就做到最好，不允许自己只做到"还可以"；不要半途而废，能完成百分之百，就不能只完成百分之九十九。不论你的工资是高还是低，你都应该保持这种良好的工作习惯。每个人都应该把自己看成是一名杰出的艺术家，而不是一个平庸的工匠，带着不变的热情和信心对待你的工作和公司吧。

◎成为公司中不可替代的人

如果你能找到更有效、更经济的办事方法，你就能提升自己在老板心目中的地位。老板会邀请你参加公司决策会议，你将会被调升到更高的职位，因为你已经变成一位不可替代的重要人物。

一位成功学家曾聘用一名年轻女孩当助手，这位女孩的工作主要是帮助成功学家拆阅、分类信件，薪水与相关工作的其他人一样。命运的转折往往就在刹那之间。有一天，这位成功学家口述了一句格言："请记住：你唯一的限制就是你自己脑海中所设立的那个限制。"要求女孩用打字机记录下来。

女孩很快将打好的文件交给了成功学家，并且有所感悟地说："你的格言令我深受启发，对我的人生有很大的帮助。"

女孩的话并未引起成功学家的注意，但是，成功学家的这句格言却在女孩心中打上了深深的烙印。从那天开始，她总是会在晚饭后回到办公室继续工作，不计报酬地干一些并非自己分内的事，比如替成功学家给读者回信。

女孩认真研究成功学家的语言风格，以至于她的回信和成功学家写的一样好，有时甚至更好。她一直坚持这样做，并不在意成功学家是否注意到自己的努力。终于有一天，成功学家的秘书因故辞职，在挑选合适人选时，他很自然就想到了这个女助理。

女孩在没有得到这个职位之前已经做了很多这个职位该做的事，这正是女孩获得提升最重要的原因。当别人都匆匆忙忙下班时，她依然坚守在自己的岗位，在没有任何报酬承诺的情况下，她尽心尽力工作，这样做的结果就是使自己获得了更高的职位提升。

故事到这里并没有结束。这位年轻女孩的工作态度和工作能力，引起了更多人的关注，其他公司也纷纷提供更好的职位邀请她加盟。为了留住人才，成功学家多次提高她的薪水，与最初当一名普通速记员时相比已经高出了4倍，因为女孩不断提升自我价值，使自己变得不可替代了。虽然成功学家付给女孩的薪水越来越高，但是成功学家心里清楚，女孩值这个价。

目前，无论你正在从事哪一种工作，每天最好在工作范围之外，提供一些对其他人有价值的服务，这样可以让你获得更多的机会。在你主动为他们提供这些帮助的同时，你应清楚，自己这样做的目的并不是为了获得金钱上的回报，而是为了提升自己的能力和培养自己的进取心。

你必须先拥有能力和进取精神，然后才能够在你所选择的领域，成为一名优秀的人物。

你自己能够拿出的最好的推荐信就是以积极的心态为他人提供更有价值的服务。别人的评价对你很重要，如果别人的看法和你对自己的期望不谋而合，你就会被认定是一个积极的有能力的人，你就会备受欢迎和青睐。同事们会重视你，顾客们会欣赏你。

如果你能保持这些优点，你的老板会肯定你，奖励你。虽然这样的习惯不能朝夕养成，但是只要你愿意用心去做，就一定会有收获。

社会的发展离不开优秀的人才。"适者生存[①]"的法则并不是仅仅建立在残酷的优胜劣汰基础上，而是基于公平正义的基础之上，优胜劣汰是公平的一部分。若非如此，美德如何能发扬光大？社会如何能取得进步？那些不懂深思、懒惰的人与那些思虑缜密、勤奋的人相比，有着天壤之别。

一位朋友曾经告诉我，他的父亲曾经告诫他："无论将来从事何种工作，一定要全力以赴、一丝不苟。能做到这一点，就不会为自己的前途担心。社会上到处是散漫粗心的人，那些善始善终者始终是供不应求的。"

我认识许多老板，他们多年来费尽心机地寻找能够全心全意工作的人。这些老板要找的人并不需要出众的技巧，只需要找的人做事谨慎、充满热情、尽职尽责而已。然而，他们聘请了一个又一个员工，却总是因为粗心、懒惰、能力不足、没有做好分内之事而遭到解雇。与此同时，那些被频繁解雇的人却常常抱怨现行的法律、社会福利和命运对自己不公。

很多人无法培养自己一丝不苟的工作作风，原因在于贪图享受、好逸恶劳；背弃了将本职工作做到尽善尽美的原则。不久前，

---

① 适者生存：凡是生存下来的生物都是适应环境的，而被淘汰的生物都是对环境不适应的，这就是适者生存。

我发现一位努力恳求下终获高薪要职的女性。她才上任短短几天，就开始得意忘形起来，到处高谈阔论想进行愉快的旅行。月底，她便因玩忽职守而遭解雇。你说她能怪谁呢？

就像任何事物都无法在同一时间占据同一位置一样，一旦你能成为公司中不可替代的人，你就有了加薪、晋升的筹码。

◎带着责任心自动自发做事

老板不在身边，更加卖力工作的人，将会获得更多。如果只有在别人注意时才展现自己，那么你永远无法达到成功的顶峰。最严格的展现标准应该是自己设定的，而不是别人要求的。如果你对自己的期望比老板对你的期望更高，那么你就无须担心会失去工作。同样，如果你能达到自己设定的最高标准，那么加薪、晋升也就指日可待了。

我们经常会发现，那些被认为一夜成名的人，其实在成名之前，早已默默无闻地努力了很长一段时间。成功是一种努力的累积，不论哪个行业，要想攀上顶峰，通常都需要长时间的努力和精心策划。

如果想登上成功的巅峰，你得永远保持自动自发的精神，只要你拥有这种精神，纵使面对缺乏挑战或毫无乐趣的工作，也能有千倍万倍的热情。当你养成这种自动自发的习惯时，你就有可能成为公司的核心人物或者管理者。那些位高权重的人，他们都是以行动证明了自己勇于承担责任，值得信赖，自动自发。

能够自动自发地做事，能够为自己的所作所为承担责任，是那些事业有成的人和凡事得过且过的人之间的最根本的区别。事业有成的人懂得为自己的行为负责，懂得自动自发地去做事。只要你有自动自发的精神，就没有人能阻挠你达成自己的目标。

　　和大多数年轻人一样，我在大学期间做过许多工作。我曾经修理过自行车，虽然后来被解雇了；我挨家挨户卖过词典，虽然常遭到拒绝；有一年，我整整一个夏天都在为一个选美比赛收集那些订出去而未收上来的票，这些票是那些中年人在甜言蜜语的推销者的劝说下订下的，但是他们根本无意去观看，我要做的工作就是把他们的票收回来；我还做过数学家庭教师、书店收银员、出纳和夏令营孩子们的顾问；我还替别人打扫过院子，整理过房间和船舱，等等。

　　大学期间我做的这些工作，大部分都很简单。我曾经认为它们都是下贱而廉价的工作。后来，我发现自己错了。这些普通的工作中潜移默化地给予我珍贵的教训和经验。无论在什么样的工作环境中，你都能学到不少东西，真的！

　　就拿在商店的工作来说吧，我自认为自己是一个好雇员，做了自己应该做的事，把东西卖出去，把货物款收回来。然而，有一天，当我正在和一个同事闲聊时，经理走了进来，他环顾四周，然后示意我跟在他身后，他一句话也没有说就开始动手整理那些订出去的商品，整理完之后，他走到食品区，开始清理柜台，然后，将购物车清空，给顾客购物提供方便。

　　我惊讶地看着经理所做的一切，仿佛过了很久才醒悟过来。他希望我能够自动自发地做这些事！我惊诧万分，不是因为这是一项新任务，而是自己从没想要这样做。但是，经理始终一句话

131

都没有说，他只是不停地忙碌，直到把一切做好。

我之前是一个好售货员吗？我羞愧不已，经理那天所做的事使我受益匪浅。它不仅使我成为一名更优秀的雇员，还让我懂得从工作中学到了更多的教益。这个教益就是我要对自己的工作负责，我要自动自发更上一层楼，不仅仅做别人安排做的事情，还要做别人没有安排的事情。

一旦悟透了这个教益，以前我认为低俗的工作也开始变得有意思起来。我越是专注自己的工作，不管是什么工作，就会学到更多的经验和克服更多的困难。后来，我离开了那家商店，继续去上大学，但是在商店工作的经验对我的人生和事业的影响是深远的。在工作上，我从一个旁观者变成了一个认真负责的主动者。

如今，我已经成了一名管理者，但是我依然一如既往地习惯去发现那些并不是我的分内工作，但是需要我去做的事情。在任何工作中，我都能发现超越他人的机会，并且会紧紧地抓住。这让我受益匪浅，不仅让我的公司更具竞争力，也让我得到了更多的关注。

每一位员工在任何一家公司都要相信这一点，你可以使自己的生活好起来，就从现在的工作开始，就从今天这个日期开始，而不必等到不确定的某一天，或是等你找到理想的工作再去做。

所谓的自动自发，指的是随时准备把握机会，展现超乎正常要求的努力，以及拥有"为了完成任务，必要时不惜打破成规"的智慧和勇气。一个优秀的管理者应该努力培养员工自动自发的主动性，培养员工尽职尽责的责任心。责任心的高低往往影响工作表现。那些工作责任心极低的员工，总是墨守成规、避免犯错，这样的话，他们可能真的不会犯错，但是也别指望他们有大的作为。这样的人凡事只求遵守公司的规章制度，领导没有安排的事，他绝对不会去碰；而工作责任心极高的员工，则勇于承担责任，有独立思考能力，必要时大力发挥主观能动性，成为公司最受欢迎的人。

◎比金子更为珍贵的是忠诚

如果说智慧和勤奋像金子一样珍贵的话，那么还有一种东西比金子更为珍贵，那就是——忠诚。忠诚于公司，从某种意义上讲，就是忠诚于自己的事业，就是以另外一种方式为自己的事业做贡献。忠诚可以体现在很多方面，体现在工作积极主动，工作责任心强，能够细致周到地体察老板和上司的意图。忠诚有一个非常重要的特征，就是发自内心的，自甘自愿地付出，但是不求回报。

由下而上的忠诚可以增强领导者的成就感和自信心，可以增强集体的竞争力，使公司充满朝气。因此，许多老板在用人时，既要考察员工的工作能力，更看重员工的个人品质，而个人品质最关键的一点就是一个人的忠诚度。一个忠诚的员工十分难得，一个既忠诚又有能力的员工就更加的难得。忠诚的人无论能力大小，老板都会予以重用，忠诚的人无论走到哪里，都有鲜花和掌声的欢迎。相反，能力再强的人，如果缺乏忠诚，无论走到哪里，也往往被人拒之门外，即使一时疏忽让他走进了门，早晚也会将他踹出去。人的职业生涯中，需要用智慧做出决策的大事很少，需要用行动来落实的小事却很多。只有少数人需要勤奋而智慧，而多数人需要勤奋而忠诚。

遗憾的是，在如今这个社会，忠诚的人越来越少了。许多公司花费了大量资源对员工进行培训，然而当这些员工积累了一定的工作经验后，往往会一走了之，有些甚至会不辞而别。而那些留在公司的员工，则整天抱怨公司和老板没有给他们提供更为良好的工作环境，对公司和老板没有感激之情不说，还将全部的责任都推到了他们身上。不要以为这种现象只发生在那些确实发展的不怎么好的公司身上，我们发现，在管理机制良好的公司，员工培训完就跳槽的现象也频繁发生。因此，这种现象的发生，不得不使人们将视线转移到员工本身的心态上来。仔细分析发现，大多数情况下，员工跳槽并非公司和老板的过错，更多的是在于员工对自身目标以及现状缺乏正确的认识。他们不是过高地估计了自身的实力，就是对那些向他们频频挥手的公司抱有过高的期望。

当这种风气蔓延到整个商业领域时，许多具有一定忠诚度的员工也受到传染而投入跳槽大军中，使整个职业环境继续恶化。

频繁地跳槽就是缺乏忠诚度的具体体现，直接受到损害的是公司，但从更深层次的角度分析，对员工自身的伤害更深。无论是个人资源的积累，还是所养成的眼高手低的习惯，都使员工自身的价值有所降低。这些人对自己奋斗的目标没有清晰的认识，对自己的内心需求没有认真地反思，自然无法正确地选择自己的发展方向。

人的一生，要走几条路，才能达到自己想要达到的地方。从职业的角度讲，难免要调换几次工作，才能达到自己想要达到的事业高度。但是这种转换必须依托于整体的职业规划。频繁地跳槽，虽然在新公司收入可能有所增加，但是，一旦养成了这种习惯，跳槽就不再是一种目的，而成为一种惯性，跳不好就会将自己跳"死"。

跳槽是需要规划的。著名银行家克拉斯年轻时也总是不断地在跳槽，但是他始终抱有一个目标——将来管理一家大银行。在这个目标的指引之下，他曾经做过交易所的职员，木料公司的统计员，簿记员、收账员、折扣计算员、簿记主任、出纳员、收银员，等等，他试了一样又一样，跳了一次又一次，最后终于实现了自己的目标。

克拉斯说："一个人可以有几条不同路径达到自己的目的地。如果能在一个机构里学到自己所需的一切当然很好，但大多数情况下需要经常变化自己的工作环境才能学得到。当然，我认为最重要的是自己必须懂得自己想做什么，为什么要这样做。"

克拉斯还说道："如果我换工作仅仅是为了比以前赚的多一点，恐怕我的现在早被昨天给牺牲了……我之所以换了这么多工作，完全是因为当时的公司和老板无法再给我带来更多的教导了。"

现在的年轻人经常挂在嘴上的是这样一句话："此处不留爷，自有留爷处。"是的，在跳槽时可以挥一挥衣袖，非常潇洒，但是真正面对工作时却是手忙脚乱，不知所以。一个没有目标、只是盲目频繁转换工作的人，在经历了多次跳槽后，就会形成一种习惯：人际关系紧张想跳槽；工作中遇到困难想跳槽；看见能多赚几个钱的工作想跳槽；甚至有时莫名其妙就想跳槽。这种频繁跳槽的人总觉得下一个工作会更好，似乎一切问题都可以用跳槽来解决。这样没有长远规划的跳槽多是出于一种冲动，是一种完全不负责任的行为，无论是对现在的公司，还是对自己都是。

频繁跳槽的习惯养成之后，久而久之，会习惯不再勇于面对现实，不再积极主动克服困难，而是在一些冠冕堂皇的理由下逃避、退缩。这些冠冕堂皇的理由无非是不符合自己的兴趣爱好，不被老板重视，处处受人刁难，怀才不遇，等等，总是希望跳到一个新的公司后所有问题都迎刃而解。

有些年轻人，丧失了成就事业最宝贵的忠诚和敬业精神，变得心浮气躁起来，凡事浅尝辄止，遇见困难就开始退却，总是这山望着那山高，空有远大畅想，无心执著的追求。这可以说是个人的悲哀，社会的悲哀，国家的悲哀啊。

◎如果你是忠诚的，你就会成功

忠诚是一种美德也是一种智慧。一位成功学家说："如果你是忠诚的，你就会成功。"一个对公司忠诚的人，实际上不是纯粹忠于公司，而是忠于自己的幸福。

非凡品格会使你不再为自己的声誉而担忧。托马斯·杰斐逊说："成功之人就是那些敢作敢当的人。"如果你相信自己的品格，确定自己是个诚实可信、努力勤奋的人，内心就会产生出非凡的勇气，无惧他人对你的看法。

忠诚是一种品质，它能给人带来自我满足感，和敢作敢当的非凡勇气，是每时每刻都伴随我们的精神力量。人既可以充分掌控无形的自我，引导自己获得荣誉、名声及财富，也可能完全放逐自己，使自己走向失败的悲惨境地。你如何掌控这一切，在于你的品质特性。

忠诚与情绪是融为一体的。忠诚是情绪的润滑剂，忠诚的人没有苦恼，也不会因情绪的波动而波动。忠诚坚守着生命的航船，即使船就要沉没，也会像英雄一样，在激昂的歌声中随着桅杆顶上的旗帜一起昂扬。

忠诚是人类最重要的美德之一。忠实于自己的公司，忠实于自己的老板，与同事们同舟共济，将会获得一种集体的力量。因为有了忠诚人生就会变得更加饱满，事业就会变得更有成就感，工作就会成为一种人生享受。相反，那些表里不一，言而无信的人，会整天陷入尔虞我诈的复杂的人际关系中。在上下级之间、同事之间玩弄各种权术和阴谋，即使一时得逞，但终究不是长久之计，不是令人愉悦的事，最终受到伤害的必然还是自己。

在一个公司集团中，普通员工需要尽职尽责，中层员工不但要尽职尽责而且还要积极主动，而对于高层人士说最重要的是对公司价值观的认同，要有和公司一同发展的观念，因此，职位越高，对忠诚度的需求就越高；你的忠诚度越高，你的职位也就会被提得越高。

一个人忠诚还是不忠诚，不是靠嘴来说的，是需要经受考验的。你忠于你的公司吗？你忠于你的老板吗？如何能证明你是忠诚的呢？都说"患难见真情"，忠诚也是如此。当公司面临危机之际，正是考验员工忠诚度之时。当然，一个公司不可能总处在危机中，发展时期又如何来考验员工的忠诚度呢？于是，聪明的老板们想出一些制造危机，"折腾"员工的办法。

查理到某大公司应聘部门经理一职，老板说要有一个考察期，查理说没问题。但没想到上班后被安排到基层商店去站柜台，做销售代表。一开始查理无法接受这样的考察，他是来应聘部门经理的，不是来应聘销售代表的，但是他还是耐着性子坚持留了下来。后来，他认识到，对这个公司也不十分了解，自己对这个行业并不熟悉，的确需要从基层学起，才可能全面了解公司，熟悉业务。何况自己拿的还是部门经理的工资呢，有什么理由不好好学习呢？

虽然，实际情况与自己最初的预想有很大的差距，但是查理明白这种"折腾"是老板对自己的一种考验。他坚持下来了，三个月以后他了解了这家公司，熟悉了各项业务，全面承担起了部门的职责，并且利用这三个月所学到的工作经验，带领团队取得了良好的业绩。半年之后，公司部门经理调走了，他得以提升；一年以后，公司总裁另有去处，他被提升为总裁。在谈起这件事时，他感慨地说："当时被安排到那么低的职位，心中的确有很多怨言。但是我知道老板是在考验我的忠诚度，于是坚持了下来，并且最终赢得了老板的信任。"

在商业活动之中，公司的老板承担的风险是最大的。公司破产了，老板可能要跳楼，员工则可以跳槽。老板们都知道忠诚是考验出来的，不是嘴上说的。因此，许多老板常常反复"折腾"员工的忠诚度，为公司出现危机时做好准备。你的老板不断"折腾"你，正是看好你的表现，他考验你的忠诚度，正是器重你的表现。

无论是发自内心的忠诚，还是欣然接受老板的"折腾"，都是一种情感和行为的付出。当你开始付出忠诚时，你将很快会得到收获。有一个古老的传说，说一位口渴难耐的旅行者徒步沙漠，万幸的是途中遇到了一个水瓮，引完水就可以饮用。但是水瓮上贴有一张便条，便条上写着：享受之前先付出。于是，摆在旅行者面前的有两种选择：是喝掉用来引水的水就上路，还是用这些引水汲引更多的水，然后剩下一部分引水留给后来人再汲水。

享受之前先付出，你不能期望先获得丰厚的报酬，然后才决定是否应该努力付出。牧师法兰克·格兰先生曾经说过："如果你忠于他人，有可能受到欺骗，但是如果你不够忠诚，就会活得相当痛苦。"

人世纷繁，瞬息万变，人的思想深植于心灵的深处，每个人对于人生的理解也是千差万别。有些人认为，坦诚之心会让人穷困潦倒，虚情假意却会让人功成名就。也许真的有这样的现象出现，但是毕竟是少数。看事物不要只看到事物的表象。虚情假意的人可能具有他人所没有的长处，坦诚的人也可能有别人所没有的缺陷。坦诚的人会因为美德而获得丰富的回报，也会因为缺陷给自己带来相应的惩罚。这是一个事物的两个方面。

人们往往自以为是地认为自己是因为太善良、太坦诚、太实在等美德所以才会遭遇非难，步履维艰。其实，完全不是这样，只有摈弃自己的思想杂念，涤荡心灵的污迹，才会真正认识到，自己正在遭受的苦难，实际上是对美德的考验，而非恶行的报应。只要你能经受得住考验，总会有柳暗花明的一天。

记好了：当你每次为他人加倍付出一些时，他人就会因此对你承担一份义务。当你真诚对待你的公司，相信公司也会真诚对待你。

忠诚不是从一而终，而是一种职业的责任感。不是对某个公司或者某个人忠诚，而是对某一职业的忠诚。忠诚是承担某一责任或者从事某一职业所表现出来的敬业精神。

在其位谋其事，一个人不应该频繁跳槽，在表达出对所从事的职业高度的责任感时，就是内心忠诚的流露。也许正是这种态度，才能保持职业生涯的相对稳定性。

对于公司来说，忠诚能带来效益，增强凝聚力，提升竞争力，降低管理成本；对于员工来说，忠诚能带来经济效益，能提升自我能力，能有更好的前途，能带来更多的安全感。因为忠诚，我们不必时刻绷紧神经，害怕成为最先被炒掉的人；因为忠诚，我们对未来会更有信心，不用担心平庸一生。

第六章
对待老板：理解、感恩、学习

　　作为一名员工，你应该多反思一下自己的所作所为，多从老板的角度为老板考虑考虑，给予老板更多的同情和理解，或许这样更能够赢得老板的欣赏和器重。

◎你和老板是一根绳上的蚂蚱

在这样的一个经济社会，人人都在追求个性解放，谋求个人利益。积极实现自我价值是天经地义的事。但是，遗憾的是很多人没有意识到个性解放、实现自我价值与你的工作、你的公司、你的老板并不是对立的，而是相辅相成、缺一不可的。许多年轻人以玩世不恭的姿态对待工作，他们频繁跳槽，觉得自己工作就是在被榨取被剥削；这些人蔑视敬业精神，嘲讽忠诚，将其视为老板盘剥的工具，愚弄下属的手段。他们认为自己之所以工作，不过是迫于生计的需要，除此之外，没有其他的可言。

我曾经为了一日三餐而为他人工作，也曾当过老板为自己工作，我知道这两方面的种种辛苦。整日为他人工作的贫穷者的日子自然不好过，贫苦是不值得骄傲的，但并非所有的老板都是贪婪的、专横的，就像并非所有的人都是善良的一样。

对于老板而言，需要的是公司的生存和发展，以及忠诚和有能力的员工；对于员工而言，需要的是丰厚的物质报酬和精神上的成就感。从表面上来看，员工与老板彼此之间存在着对立性，但是，在更高的层面，两者又是和谐统一的。老板需要忠诚和有能力的员工为公司的发展和生存努力，员工必须依赖于公司的这个平台才能表达自己的忠诚和发挥自己的聪明才智。

利益的驱使下，每个老板只愿意保留那些他认为最佳的职员，也就是那些能够把信送给加西亚的人。同样，在利益的驱使下，每个员工都希望能从老板那里得到更多的报酬，包括物质上的，也包括精神上的。所以，员工与老板的利益是基本一致的，并且需要两者全力以赴努力才能实现共同的利益。员工只有敬业、忠诚才能获得老板的信任，才能在自己独立创业时，得到帮助。

许多公司的老板在招聘员工时，除了考察员工的能力之外，还要考察员工的个人品行，老板们认为这项评估尤为重要。品行不好的人不能用，更不值得培养，因为他们根本无法将信送给加西亚。因此，我真诚地告诫大家：如果有一个人付给你薪水，让你得以温饱度日，那么你就应该真诚地、负责地为他工作！并且应该称赞他，感激他，支持他的立场，让自己跟他站在同一条战线上。

或许你的老板是一个心胸狭隘的人，他不能理解你的努力，不珍惜你的忠心，那么也不要因此产生抵触情绪，将自己与老板对立起来，对你来说，那样没有任何好处。不要太在意老板对你的评价，他们也是普通人，也可能因为太主观而无法对你做出客观的评判。这个时候你应该学会自我肯定，而不是自怨自艾。只要你已经竭尽所能了，已经做到了问心无愧，你的能力一定会得到提高，你的经验一定会更加丰富，你的心胸也会变得越来越开阔。

有人说，"老板是靠不住的！"这种说法也许并非没有道理，但是，这并不意味着员工和老板从根本上应该是对立的。情感需要依靠理智才能保持稳定，员工和老板的关系是建立在一种制度之上的。在一个管理制度健全的公司中，员工的升迁、加薪都是凭借个人努力得来的。想摧毁一个团体的士气，最好的方式就是制造"只有玩手段才能获得晋升"的氛围。管理制度健全的公司升迁渠道通畅，忠诚而有实力的员工都会有公平竞争的机会。这样的话，员工才会把公司当做自己的，觉得自己就是公司的主人，才会觉得自己与老板完全是一体的。

因此，员工与老板是否对立，既取决于员工的心态，也取决于老板的做法。聪明的老板会给员工公平的待遇，而聪明的员工也会以自己的忠诚换取丰厚的报酬。

◎牢骚和抱怨是一种公害

在遭受挫折与不公正待遇时，人往往会采取消极对抗的态度。不满通常会引起牢骚，希望通过牢骚获得别人的关注与同情。这虽然是一种正常的心理自卫行为，但却是许多老板心中的最痛。大多数老板认为，牢骚和抱怨不仅惹是生非，而且容易造成组织内部彼此猜疑，打击团队士气，是一种公害。

因而，当你满腹牢骚之时，不妨回忆一下老板定律：第一条，老板永远是对的；第二条，当老板不对时，请参照第一条。

我曾遇见过一个有着良好教育背景，而且才华横溢的年轻人，但是他在公司里长期得不到提升。他虽然有足够的能力，但是他缺乏独立创业的勇气，他虽然身在公司，却因为不甘心而不好好工作，他不愿意自我反省，养成了一种吹毛求疵、抱怨批评的恶习。他根本无法自动自发地做任何事情，只有在被迫和监督的情况下才能勉强完成工作。在他看来，工作就是老板剥削员工的手段，愚弄下属的工具。他在思想上与公司对立，因而无法真正从公司受益。

我对他的劝告是：有所施才能有所获。如果你选择了工作，就应该衷心地热爱你的公司，并且极为忠诚，一旦你为公司而自豪，自己就会获得一定的满足感。如果你无法不中伤、非难和轻视你所在的公司，就干脆选择离开吧，从旁观者的角度审视自己的心灵，会清楚很多。如果你是一名员工，只要你还没有辞职，就是公司的一部分，就不要诽谤它，不要伤害它。轻视自己所就职的公司就是在轻视你自己。

无论是谁，无论做任何事情，都可能会遭受批评、中伤和误解。从某种意义上来说，批评是对那些伟大杰出的人物的一种考验。杰出无须证明，证明自己杰出的最有力证据就是能够容忍批评而不去报复。在这一点上，林肯做到了，他知道每一个生命都必定有其存在的理由。他让那些轻视他的人意识到：如果轻视别人，必会自食其果。

如果你任职的公司陷入困境，而你的老板是一个守财奴的话，你最好走到老板面前，自信地、心平气和地对他说："你是太吝啬了。"然后指出他不合理的、荒谬的地方，然后告诉他应该如何改革，你甚至可以自告奋勇去帮助公司清除那些不为人知的弊端。

如果你有什么不满，不要整天牢骚满腹，你应该尝试着去做点什么。但如果由于某种原因你无法做到，那么请做出以下选择：坚持还是放弃。

你要知道，当你慢慢松开自己和公司的联系时，你可能自己都不知道什么原因，一股强风就会随之而来，你甚至会被连根拔起。

每个地方都会发现许多失业者，与他们交谈时，你会发现他们充满了抱怨、指责和诽谤。吹毛求疵的性格使他们摇摆不定，也使他们的发展道路越走越窄。他们的思想与公司的理念格格不入，当公司觉得这些人没有什么价值的时候，就只好让他们离开了。每个老板总是不断地寻找能够助他一臂之力的人，当然他也无时无刻不在发现那些没有价值的人，准备随时把他们清理掉。

如果你总是抱怨你的老板是个吝啬鬼，那么表明你的思想更狭隘；如果你总是抱怨公司的制度不健全，那么表明你也是个思想不健全的人。

那些只顾把时间花在说人长短、毁谤他人的人，是没有时间走向成功的。人的时间、精力和金钱都是有限的，你必须谨慎地选择花费他们的方式。如果你决定以贬抑别人来提高自己，你会将大部分时间和精力花费在搬弄是非上，剩下的可以利用的时间就非常有限。有句话说得好："向我们论人是非的，也会向人论我们的是非！"如果你喜欢散布恶意伤人的内幕，慢慢就会丧失他人对你的信任。

◎老板更值得同情和理解

我曾经是一名员工，为老板工作；我现在是一名老板，许多员工为我工作。做员工时，总是认为老板太苛刻，不够体恤员工；现在做了老板，却总觉得员工太过懒惰，做事缺乏主动性。其实，什么都没有改变，改变的只是我的立场和我看待问题的方式而已。

"待人如己"是成功守则中的一条定律，意思就是凡事为他人着想，站在他人的立场上思考问题。当你是一名员工时，应该多考虑考虑老板的难处，多给老板一些同情和理解；当你是一名老板时，应该多考虑考虑雇员的利益，多给员工一些支持和鼓励。

"待人如己"这条黄金定律不仅仅是一种道德法则，它还是一种前进的推动力，推动整个境况的改善。当你试着"待人如己"，能够替老板着想时，你身上就会散发出一种善意，影响和感染包括老板在内的你周围的人。这种善意最终会回馈到你自己身上。如果今天你从老板那里得到了一份同情和理解，很可能就是以前你"待人如己"所产生的连锁反应。

为什么你能够轻而易举地原谅一个陌生人的过失，却对自己的老板或上司耿耿于怀呢？这个道理其实也很简单，你和老板之间有着不可避免的利益冲突。只要你与老板的雇佣关系存在，你们的这种利益冲突就存在，当老板的行为与你的利益发生冲突时，对老板所有的同情和理解都会化为乌有，在你的眼中，他就是你的敌人。

一位老板经营管理一家公司是件复杂的事，会面临种种繁琐的问题。来自客户的压力，来自公司内部的压力，随时随地都会影响老板的情绪。你要知道，老板也是普通人，也有自己的喜怒哀乐，也有自己的一些缺陷。他之所以能够成为老板，并不是因为他足够完美，而是因为他有某种他人所不具备的天赋和才能。因此，首先我们需要用对待普通人的态度来对待我们的老板，不仅如此，我们更应该同情那些努力去经营一个大公司的老板，他们不会像普通员工一样因为下班的铃声而放下手头工作，他要做很多，你看得见和看不见的努力。

一些年轻人会将自己不能获得提升的原因归咎于老板的不公平，认为老板嫉贤妒能、任人唯亲，认为老板就是不喜欢比自己聪明的员工，认为老板会阻碍有抱负的年轻人超过他。事实上，对于大多数老板而言，再也没有比缺乏合适的人才更让他苦恼的了，再也没有比寻找合适的人才更让他困扰的了。

这些年轻人之所以产生这样的想法，是因为"以己度人"，但是这个"己"是一个自私的、狭隘的自己。也就是犯了"以小人之心，度君子之腹"的错误。事实上，从每一个员工第一天开始上班起，老板就开始用心对这个员工进行考察了。他会仔细衡量和分析这个员工的能力、品格、习惯和言行举止（包括这名员

老板也是普通人，也有自己的喜怒哀乐，也有自己的一些缺陷。

工对老板的态度和评判），从而评判这个员工有没有前途。一个公司能够成长起来，都是老板苦心经营的结果。在大多数情况下，老板不会因为个人的偏见而毁了自己苦心经营的事业。

因此，作为一名员工，你应该多反思一下自己的言行，多为老板考虑考虑，给予老板更多的同情和理解，或许这样能够重新赢得老板的欣赏和器重。

也许你的老板并不是一个领情的人，但你依然要设身处地为老板着想。因为同情和理解是一种美德，在你现在的老板这里没有作用，并不意味着在所有老板那里都没有作用。也就是说，如果我们能养成多从老板的立场考虑问题的习惯，就能更加同情和理解我们的老板，这样也能让我们的内心得到更多的宽慰。

◎要对老板满怀感恩之情

许多事业有成的人在谈到自己成功经历时，往往过分强调个人的努力。事实上，每一个事业有成的人，都或多或少地获得过别人的帮助和支持。当你制订出成功的目标并且付诸行动之后，你就会发现，在走向成功目标的过程中，会获得许多意料之外的帮助与支持。你应该时刻感谢这些帮助和支持你的人，感谢他们对你的眷顾。

作为一个人，我们感谢父母的养育之恩，感谢国家的栽培之恩，感谢师长的教诲之恩，感谢大众的眷顾之恩；没有父母养育，没有国家栽培，没有师长教诲，没有大众眷顾，我们何德何能存在于天地之间？所以，懂得感恩不但是一种美德，更是一个人之所以为人的先决条件。

我们每一个人，自从呱呱落地来到尘世间那一刻，都受到了父母的百般呵护，年岁渐长，又会受到师长的教诲和指导。然而，有些年轻人，对世界没有做过一丝贡献，却牢骚满腹，抱怨不已，看这个也不顺眼，看那个也看不惯，视恩义如草芥，视恩情为必然，只知仰承恩情，不知道回馈。

作为一名员工，虽有老板的提携与帮助，但是自己不努力，不敬业，没有得到很好的提升和预期的报酬，于是不满现实，满腹委屈，好像别人都对不起自己，整日愤愤不平。这样的人，在家庭里，难以成为合格的家长；在社会上，难以成为称职的员工。

"羔羊跪乳，乌鸦反哺"，动物尚且有感恩之念，何况我们人呢？我们从家庭到学校，从学校到社会，得到了太多的恩惠，难道不该有感恩之心吗？我们教导孩子，从小就要他们知道"一粥一饭，当思来之不易"，目的就是要他懂得感恩，懂得回馈他人的恩情。

懂得感恩是一种美好的道德表现。然而，人们可以为一个陌生人的点滴帮助而感激不尽，却无视朝夕相处的老板的种种恩惠。通常是将老板所做的一切视之为理所当然，视之为赤裸裸的商业交换，这是许多员工与老板有矛盾的原因之一。的确，老板与你之间是一种雇佣和被雇佣的契约关系，但是在这种雇佣关系的背后，难道就没有一点同情和感恩之情吗？员工和老板之间并非是对立的，从利益的角度上讲，是一种合作共赢的关系；从情感的角度讲，也含有一份恩情和友谊。

你是否曾经向你的老板表达过你的感激之情？写一张字条或者发个信息，告诉他你是多么热爱自己的工作，多么感谢他提供给你的机会。这种发自内心的感谢方式，一定会让他注意到你，甚至可能因此提拔你。情绪是会传染的，老板也同样会以具体的方式来表达他的谢意，感谢你为他所提供的帮助。

别忘了感谢你周围的人，包括你的老板和你的同事。因为他们都曾帮助和支持过你。勇于说出你的感谢之情，让他们知道你感激他们的帮助和支持。记住，一定要表达出来，而且要经常说！这样可以增强公司的凝聚力，可增强团队的士气。

感恩之情常记心中。如果你是一名推销员，当你遭到拒绝时，不要忙于沮丧，应该感谢顾客至少耐心听完了你的解说。这样才有下一次惠顾的机会。如果你是一名公司职员，当你的老板批评你时，不要忙于辩解，你应该感谢他给予的种种教诲。感恩他人不需花费一分钱，却是一项重大的投资，对于未来有很大的帮助！

感恩应该是真诚的表达，应该是发自内心的感激，而不是为了某种目的，迎合他人而表现出的阿谀奉承。感恩与阿谀奉承不同，感恩是情感的自然流露，是不求回报的谢意。一些人从内心深处感激自己的老板，但是由于惧怕流言蜚语，而将感激之情隐藏于内心，甚至刻意地与老板保持距离，以表自己的清高与清白。这种想法和做法是何等幼稚。如果我们能从内心深处意识到，正是因为老板全力以赴的努力，公司才有今天的发展，正是因为老板的谆谆教诲，我们才有今天的进步，如果你真心实意地想要表达，内心一定是坦坦荡荡，又怎么会在乎他人的流言蜚语呢？

感恩并不仅仅只是针对老板来说。对于个人来说，感恩是人生的一笔财富。它是一种深刻的内心感受，能够提升个人的魅力，能够开启力量之门，能够发掘出无穷的智慧。感恩是一种生活习惯，也是一种生活态度。

感恩是慈悲的近亲。时常怀有感恩之情，就会变得更谦和，更可敬，更高尚。每天都花几分钟的时间，为自己能有幸成为公司的一员而感恩吧，为自己能遇到这样一位睿智的老板而感恩吧。

记住，万事万物都是相对的，不论你遭遇过多么恶劣的境况，感恩会改变一切。

"我很感激你""真的要谢谢你"，这些话应该经常挂在你的嘴边。以特别的方式表达你的感激之情，以最大的努力付出你的时间和心力。感恩你的老板，比任何物质的礼物更为可贵。

也许你努力工作，并且表达了感恩之情，但是没有得到相应的回报。当你准备辞职换一份工作时，同样也要满怀感激之情。老板也是普通人，他也不是尽善尽美的。在辞职之前，仔细想一想，自己曾经从事过的工作，学到了多少宝贵的经验，积累了多少珍贵的资源。那些失败的沮丧，自我成长的喜悦，严厉的老板教诲，热心的同事帮助，值得感谢的客户……这些都是人生中最为宝贵的财富。如果你能每天带着一颗感恩的心去做事，相信做事的心情一定是愉快而积极的。

◎由衷地欣赏和赞美你的老板

任何人身上，都可能拥有你所欣赏的人格特质。玛格丽特·亨格佛曾经说过："美存在于观者的眼中。"这种说法和我们今天所说的"我们在别人的身上看到我们所希望看到的东西"不谋而合。每个人都是复杂的综合体，融合了正反两个方面的感情、情绪和思想。你对他人的想象，往往奠基于自己对他人的期望之上。

如果你认为他是优秀的，你就会在他身上找很多优秀的品质；如果你认为他太差了，你就会从他身上发现许多缺点。也就是说，只有拥有积极的心态，才能发现他人积极的一面。当你不断提高自己的同时，千万不要忘了培养欣赏和赞美他人的习惯，只有认识和发掘他人身上优秀的特质，才能让一切顺利开展。

看到或寻找他人的缺点很容易，但是只有当你能够从他人身上发现许多优秀的品质，并由衷地欣赏和赞美时，你才能获得真正的提升。

面对我们的老板，我们很难欣赏和赞美他们。因为老板作为公司的管理者，会经常对我们的许多做法提出批评，会经常否定我们的许多想法，这些都会影响我们对他做出客观的评价。但是你一定要知道，老板之所以成为我们的老板，一定有许多我们所不具备的特质，这些特质足以让你欣赏和赞美。

　　人人都会有缺陷，大多数人都有嫉妒之心，嫉妒之人无法面对那些比自己优秀的人。这一点正是阻挡大多数人迈向成功的绊脚石。成功学家经常说，提升自我的最佳方法就是帮助他人。当你努力地帮助他人的时候，会得到意想不到的收获。如果我们能发自内心地欣赏和赞美自己的老板，当他们获得了更大的进步，当公司得到了长足的发展，一定会对你有所回报。是你的欣赏和赞美给你带来的丰厚回报。如果你是个有心人，你会发现有许多意想不到的机会都来自于你发自内心对他人的欣赏和赞美，你在最需要的时候给予了他人精神上的支持，这比什么都重要。

　　当然，也许你的老板并不比你高明，但只要他是你的老板，你就必须服从他的安排，并且努力去发现老板身上优越于你的地方，尊敬他，欣赏他，并且向他学习。如果我们都抱着这样的心态，即使与老板之间有种种隔阂，有许多误解，也会慢慢消解的。你会发现原来你跟老板也能建立起一种近似友谊的关系。

　　在职时要欣赏和赞美你的老板，离职后同样也要多说过去老板的好话。一位曾经聘用过数以百计员工的老板曾向我谈起自己的招聘心得："面谈时最能体现出一个人思想是否成熟，心胸是否宽广，根据就是看看他对刚刚离开的那份工作是怎样评价的。前来应征的人，如果只是对我说过去老板的坏话，对他恶意中伤，这种人我是无论如何也不会考虑留下的。"

　　停顿了一下，他继续说道："也许一些人确实是因为无法忍受老板的压迫而离职的，但是聪明的做法应该是，不要去谈论那些不愉快的事，更不要因自己所遭受的不公正待遇而耿耿于怀。如果他能对过去的老板流露出感激之情，我是非常欣赏的。"

许多求职者喜欢对之前的工作说三道四，以为指责原来的公司和老板能够提高自己的身价，这种做法看似聪明，实则愚蠢透顶，其中道理不难理解。

所有公司都希望员工保持绝对的忠诚，所有的老板都希望能吸引那些忠贞不贰的员工。那些过河拆桥的人，那些说三道四的人，将会被公司和老板拒之门外。如果为了谋取一份新的工作，而将原来的老板说得一无是处，谁能保证以后不会将现在的老板批驳得体无完肤呢？

如果只是对以前就职的公司和老板做一些无伤大雅的评价，也未尝不可，但如果这种评价带有明显的个人色彩，就可能变成一种不负责任的人身攻击，就会引起现在老板的反感。况且，世界上没有不透风的墙，当你的恶意批评传回原单位之后，别人对你的评价就可想而知了。此外，许多大公司在招聘一些重要职位时，通常会通过各种手段、渠道来了解应聘者在前一公司的表现。表现好还行，如果你本身就是一个喜欢说三道四的人，那情况可就不妙了。

这种"说以前老板好话"的原则，不仅适用于职场，也适用于生活的其他方面。我认识一位朋友，他打算与一位离婚妇女结婚，一切都已经安排就绪，忽然间，所有的计划都变了。为什么呢？朋友这样解释道："她总是没完没了地数落前夫的'罪行'，比如前夫是如何胡说八道，如何对她不公平，如何好吃懒做，如何不务正业，等等。她的数落真把我吓坏了。我想，他的前夫应该不至于一无是处吧。如果我和她结婚了，也不就成了她批评的对象了吗？想来想去，我觉得还是不和她结婚为好。"

我认识一位年过 40 岁的人，在最近的一次公司改组中被解聘了。被解聘之后，他逢人就说自己在原来的公司所遭受的不公平待遇，他总是说自己对公司是如何如何重要，而最后却被嫉贤妒能的人扳倒了。他第一次说的时候我信以为真，第二次说的时候我有些怀疑，在他不断地重复后，使我越来越相信，他被解聘是咎由自取的结果。他是一个十足的专讲"过去如何如何"的人，而且只会说些不幸、消极、悲观的事。时至今日，他依然处于失业之中，我想如果他认识不到自己的问题所在，自己的观念不加以改变，不能从内心里去欣赏和赞美他人的优点，失业的日子将会伴随他很长时间。

◎一个好老板会让你受用无穷

一个好老板会让你受用无穷，聪明的你应该向他学习。

我曾经有过一位很好的老板，他告诉了我许多做生意的技巧，也教给了我许多做事先做人的道理，对此我十分感激。后来我升职了，担任了更重要的职务，不能不说是得益于这位老板的教诲。然而，老板对我越来越器重，引起了其他人的嫉妒，随之攻击我的流言蜚语接二连三，说我是老板的跟屁虫，整天围着老板转，说我是个模仿者，处处模仿老板才得以提升。这些评论我不可能不在意，它们就像压在我身上的一个沉重的包袱。

我曾经为别人的不实批评而烦恼，但是，冷静下来，仔细思考一番，忽然觉得也没有什么可担忧的，模仿是学习的一种，每个人从模仿中学习比从其他方式所学到的知识要多得多。人从小到大都是不断地在倾听、观察他人，然后模仿他人的言行举止。你说话走路的样子，你的姿态动作表情可以说大部分是"抄袭"来的，它们来自你最亲近的人。同样，你的处世哲学也多是从那些对你有影响的人，比如父亲、老师、老板那里学来的。如此看来，模仿有什么错？向老板学习，不是因为他是老板，而是因为他更优秀。我要为自己能遇上一位好老板而庆幸。

记得 4 年前，我的两位学生分别来找我咨询大学毕业后的就业问题。他们都是很聪明的年轻人，读书时成绩都十分优异，兴趣和爱好也非常相同。对于他们而言，有许多工作机会可供选择。当时，我的一位朋友创办了一家小型的公司，正委托我物色一个适合做助理的人，于是我建议两个年轻人不妨去试试看。

　　他们分别去应征，第一位前去拜访的学生名叫基米，面谈结束后他打电话给我，用一种十分厌恶的口气对我说："你的朋友太苛刻了，他居然只给月薪 400 美元，我当场就拒绝了他。现在，我已经在另一家公司上班了，月薪 600 美元。"听后我无话可说。

　　后去的那名学生名叫唐克，尽管我的朋友开出的薪水也是 400 美元，尽管他同样有更多赚钱的机会，但是他却欣然接受了这份工作。当他将这个决定告诉我时，我不解地问："如此低的薪水，你不觉得太吃亏了吗？"

　　他很平静地说道："我当然想赚更多的钱，但是我对你的朋友非常感兴趣，我觉得只要能从他那里多学一些本领，薪水低一些也是值得的。从长远的眼光来看，我在那里工作将会很有前途。"

　　这已经是 4 年前的事情了。第一位学生基米当时在另一家公司的薪水是年薪 7 200 美元，现在他也只是能拿到年薪 8 750 美元，而最初年薪只拿 4 800 美元的唐克，现在的固定年薪是 20 000 美元，外加各种红利。

　　基米被最初的要多赚钱的观念蒙蔽了，而唐克却能抓住能学到更多东西的观点来考虑自己的选择。这就是两个学生的差异所在。

许多年轻人在选择工作时都会问"月薪多少""工作时间长吗""有哪些福利""有多少假期","什么时候加薪"。我经常为大多数人选择工作如此盲目而感到惊异。

约90%以上的人都忽略了一项重要的因素，那就是我要选哪些人成为我前进的导师？如果你是一位高中足球队队员，毕业后想继续效力职业足球队，你选择哪一所大学，最重要因素就是哪位足球教练教导的好，能鼎立培养你。这要比哪个学校是否有名气重要得多。

在职场中也是如此，如果你发现你的老板根本无法教给你更多的东西，你就应该毅然决然地离开。在其他方面也是这样，无论你想要成为一位伟大的音乐家，还是想要成为一个成功的演员，都要遵循同样的原则。我们无权选择自己的父母是谁，但是却有权选择自己的老板是谁。

与什么样的人接触，对个人的成长影响很大。长久地生活在低俗的圈子里的人，无论是道德上，还是品位上，都会透露出低俗的气味。与这样的人接触，会不可避免地让人走下坡路，所以，我们应该努力地去接触那些道德高尚和学识不凡的人，远离那些道德恶劣、品位低下的人。

每个人的心目中都会有自己崇拜的偶像。我们愿意崇拜和学习那些离我们遥远的偶像，却往往忽略了近在身边的智者，这一点在职场中体现得尤其充分。也许是由于利益的冲突，也许是出于嫉妒的缘故，我们总是忽视那些每天都在督促我们努力工作的老板，其实他们才是最值得我们学习的人。他们之所以能成为老板，必然有我们所不具备的长处。聪明人应该时刻研究老板的一言一行，学习作为一名管理者所应该具备的知识和经验。只有这样，我们才有可能获得提升，才有可能在独立创业时做得更好。

传统社会对这一点认识得非常清楚。工匠要长时间跟随着师父，耐心地向师父学习；学生要借着协助教授做研究而提高自己；刚刚入门的艺人要花费很长的时间和卓有成就的艺术家相处熏陶自己。他们都是借着协助与模仿，从而观察成功者的做事方式，然后学为己用。工业生产破坏了这种传统的学徒关系，也破坏了老板与员工之间的这种学习关系，员工与老板之间逐渐变成了矛盾对立的两个方面。在一些错误观点的蒙蔽下，许多人因此丧失了模仿能力，更丧失了学习能力。

一个聪明的人应该不惜任何代价为杰出的成功人士工作，寻找种种借口和成功人士接触，目的就是为了能多向他们取经。所以，平日里就要注意留心老板的一言一行，一举一动，观察他们处理事情的方法。你会发现，他们有着与普通人的不同之处。如果你能做得和老板一样好，甚至做得更好，你就有机会获得更多。

什么是成功人士？成功人士并不是那些有钱人，而是那些在人格、品行、学问、道德方面都优秀的人。与成功人士的接触中，你能吸收到各种对自己前途有益的养分，可以让你的事业更上一层楼。

如果你总是与那些无论是品行还是能力都在你之下的人混在一起，一定会降低你的道德和品位。思维与思维之间，心灵与心灵之间，有着一股巨大的感应力量，这种感应力量，虽无法测量，然而其刺激力、破坏力和建设力都非常震撼。

如果错过了一个与能够给我们以教益的人接触的机会，实在是一种莫大的不幸。只有通过与成功人士接触，才可能发现本身的不足，才能查漏补缺。向一个能够激发我们潜能的人学习，其价值远胜于一次发财获利的机会。向老板学习，会使我们的力量不断加强。

生活中，除了自己的家人之外，老板是与我们接触最多的人，也是自己每天都面对的人，如果你承认老板的优秀，就千万不要错过向老板学习的机会。

◎像老板一样思考和做事

一荣俱荣，一损俱损！绝大多数人都应该在一个领域中奠基自己的事业生涯。只要你还是某一公司中的一员，就应当抛开任何借口，把自己的忠诚和责任全部投入进去。如果你能将全部的身心彻底投入公司，尽职尽责，尽心尽力，处处为公司着想，对你的老板充满欣赏和赞美，给予他们更多的同情和理解。那么任何一个老板都会视你为核心员工，为他的左膀右臂，为公司的顶梁柱。

就像有人说的那样，一个人应该永远同时从事两件工作：一件是目前所从事的工作；另一件则是真正想做的工作。如果你能将现在的工作做得和想做的工作一样，那么你一定会有很大成就。因为你在为你的未来做准备，你正在学习一些可以超越自我的本领，你在研究成为老板或老板的老板的技巧。当时机成熟之时，一切已经不在话下。

当你对某一领域已经非常熟悉，或者精通某一技术，或者在某一岗位干得非常出色之时，千万别陶醉于一时的成就，你要仔细想一想未来，想一想现在所做的事有没有改进的余地？这些思考都能使你在未来取得更长足的进步。尽管有些问题属于老板思考的范畴，但是如果你思考了，说明你已经有了成为老板的意识。

换个角度来说，如果你是老板，你对你今天所做的工作完全满意吗？别人对你的看法真的不用那么在意，你最应该在意的是你对自己的看法。回顾一下一天的工作吧，请你扪心自问："我是否付出了全部精力和智慧投入到工作之中？"

假如你就是老板，你一定会希望你的员工能和自己一样将公司的事当成自己的事业，每天都会更加努力，更加勤奋，更加积极主动。因此，当你的老板向你提出这样那样的要求时，请不要拒绝他，换了是你也会那么做，不是吗？

以老板的心态去做事，你会成为一个值得信赖的人，一个老板愿意雇用的人，一个可能成为老板左膀右臂的人。更为重要的是，因为你清楚自己已全力以赴投入工作的原因，每当完成了一个自己所设定的目标，你都能心安理得地沉稳入眠。

一个能将公司视为己有并尽职尽责完成工作的人，终将会拥有自己的事业。一些管理制度健全的公司，正在创造机会使员工成为公司的股东之一。因为老板们发现，当员工成为公司的所有者时，他们就会表现得更加忠诚，更具创造力，也会更加积极。有一条永恒不变的真理：当你像老板一样思考时，你实际上已经是老板了。

以老板的心态去做事吧。如果你能为公司节约成本，公司一定会按比例给你报酬。当然，这份回报不是今天，也不是下星期，甚至会明年才能兑现。但请你相信，不管它以何种形式出现，它一定会到来。当你养成习惯，将公司的资产像爱护自己的资产一样爱护的话，你的老板和你的同事都会看在眼里，你的付出与你的回报一定会成正比。美国自由企业体制就是建立在这样的一种前提之下，即每一个人的付出与收获是成正比的。

然而，在今天这种高度竞争的经济环境之下，你可能感慨自己的付出与获得的报酬并不成正比，有时候甚至会成反比。其实，关键还是改变你的思路。当你感到自己付出了很多却得不到理想的工资、未能获得老板的赏识时，请你一定要记住：你是在为自己的公司做事，你生产出来的产品就是你自己。

假设你就是老板，想一想你自己这样的人，是那种你自己喜欢雇用的员工吗？当你正在考虑解决困难的决策时，或者正在思考如何逃避一份讨厌的差事时，请你反问一下自己：如果这是我自己的公司，我会怎么做？当你的所作所为与你身为员工时的所作所为完全相同的话，你已经掌握了处理更重要事物的能力了，那么你很快就会成为一名老板。

第七章

对待自己：诚实、自信、乐观

你要成为什么样的人，完全掌握在你的手中。你的思想既可以作为武器，把自己炸得粉身碎骨；也能作为利器，披荆斩棘，开创一片崭新的天地。

◎诚实是衡量人品的一把尺子

不妨回顾一下自己的所作所为，觉得自己是否是一个诚实可信的人？如果不是，应该好好反思一下，想一想，为什么自己会做出一些不诚实的行为？这么做对吗？如果自己能做到坦诚待人，将会有什么样的结果出现？你一定要能从错误中学习，并说服自己成为一个诚实可信之人。

俗话说，人无信不立，良好的信誉能给自己的生活和事业带来意想不到的惊喜。诚实守信是形成强大亲和力的基础，诚实守信会使人产生与你交往的愿望，在某种程度上，诚实守信会消除与人交往的障碍，会使困境变坦途。

以诚相待是人与人交往要遵循的一个原则，与人交往中的大多数矛盾都能用诚信的办法解决。只有待人真诚，才能将潜在的矛盾化解在无形之中，赢得良好的声誉，获得他人信任。

为了获得什么而诚实，算不上真正的诚实。诚实是没有等级、不分程度的，诚实就是绝对的诚实。无论怎么样，诚实都不是用来交换的，你拥有诚实这一品质本身就是一种奖励，它是良好品质中不可或缺的一种。诚实的人从不会去撒谎，更无须担忧会被揭穿，所以，诚实的人可以集中精力去做人做事。

做一个诚实的人，就不能到处说谎，也许你认为撒个小谎没有什么问题，但久而久之就会形成一种坏习惯。一个谎言总是需要另一个谎言来掩饰，这样一来，谎言就会愈扯愈大。所以，永远都别尝试去说谎，也别往自己的脸上贴金，只有这样你才会心底坦荡，高枕无忧。

谁都喜欢和诚实守信的人交往共事！也许你无法让所有的人都喜欢你，但是至少可以让大多数人都信赖你。心地坦荡的人会有宽容博大的胸怀，这样的人周围总是充满欢声笑语；心地坦荡的人会养成自律自爱的习惯，这样的人周围总是充满宁静祥和。

那些讨厌正直诚实的人，同时也是被人讨厌的对象。

我们在评判别人的时候，也总是难免被人评判。你可以伪装一时，处处表现出一副诚实的面孔，背后干的却都是欺人的事情。但是纸总是包不住火的，人们最终会察觉你的所作所为，不会仅仅靠你的只言片语就认定你是个诚实的人。如果你一向说的多做的少的话，请改变自己的行为，往脸上一味地贴金是没有用的，一个真正体面的人不光靠说，更重要的是要看他做了什么！

这是发生在一名年轻人身上的一个真实的故事。这名年轻人是我的一位客户，前来向我咨询，开始的时候，他总是抱怨自己在公司不被重视，抱怨公司的一切都过于守旧，薪资调整和升迁都论资排辈，他们这些年轻有作为的人没有用武之地。因此他内心深处有一种强烈的挫败感。他当时正准备离开那家公司，找一个他认为会更好的公司。于是，我给他讲了罗文把信送给加西亚的故事，他认真听完我的讲述，然后陷入了深深的沉思。

沉思过后，他开口说道："我懂了！我之所以不为老板所欣赏，并非我没有才华，也不是我不善于沟通，而是缺乏那种让老板信任的品质。因为老板并不认为我是可以独自将信送给加西亚的人。"

听了我的讲述之后，他开始反思自己的问题，比如他喜欢自我表现，总是口无遮拦，逞口舌之快，做事毛毛草草，经常有始无终……于是，他针对这些问题进行了改正和调整，从此以后，随着工作态度的转变，他的工作业绩大大提高，并且很快就得到了老板的信任，认为他是一名可以信赖的，能够把信独自送给加西亚的人。

下面再来讲一个真实的故事：伊丽莎白是一家大型公司的资深人事主管，在谈到员工的录用与晋升方面的情况时，她说："我不知道别的公司在录用及晋升方面的标准是什么，但是我很清楚我们在这方面的标准，我们公司很注重应征者对金钱的态度。一旦应聘者在金钱方面有了不良的记录，我们公司就不会雇用你。我知道，其实很多公司也跟我们一样，很注重一个人的品行，并且以此作为录用与晋升的标准。如果一个人的品行有污点，即使他工作经验丰富、条件优越，我们也不会聘用他的。这样做的理由基于四点：

"第一，我们认为一个人除了对家庭要有责任感之外，对他的雇主也应该诚实守信。如果一个人在金钱上不讲信用，就表示这个人在人格上是有缺陷的。但是，如今很多美国的年轻人却不以为然。他们认为银行非常有钱，即使不偿还债务也没有什么大不了的；他们认为每家商店都有上百万的资金，即使他有一次不付款也没有什么大不了的。但是买东西必须付钱，欠债必须还钱，这是天经地义的事情。在金钱上不诚实，这跟小偷有什么区别呢？

"第二，如果一个人在金钱上不讲信用，他对任何事都不会讲信用的。

"第三，一个没有诚意信守诺言的人，他在工作岗位上必定也会玩忽职守。

"第四，一个连本身的财务问题都无法处理好的人，我们是不任用的。因为频繁的财务问题容易导致一个人去挪用公款或偷窃。在金钱方面有不良记录的人，犯罪率要比普通人高很多。在对待金钱方面，要诚实不欺，这一点也同样适用于我们的为人处世。"

伊丽莎白所讲的用人标准证明了：诚实是衡量人品的一把尺子。这把尺子，无论古今中外，适用于所有的人。诚实不仅是衡量一个人品行的一把尺子，同时，它还使人树立起对家庭、对社会的强烈责任感。

世界上任何工作都没有贵贱之分，没有难易之分。那些有能力并且积极肯干的年轻人都能够欣然接受任何工作，他们的所作所为无时无刻不向他人证明自己是值得信赖的人，是能够将信送给加西亚的人。诚实守信的年轻人，迟早会得到录用与晋升。

◎行为是思想绽放出来的花朵

谁是你最大的敌人？谁让你意志消沉？你自己就是自己最大的敌人，除了你自己，没有任何人可以使你意志消沉。许多人都有这样的经验，不论做什么事，结果都可能不尽如人意。出了问题，会找出种种借口，会不断地埋怨他人。但是，你有没有从自身去找问题，也许出问题的最大原因就是你自己。

当你具备了必要的才能，拥有良好的品质，能够正确地认识自己，心灵就会变得成熟起来，你就会欣喜地发现你是自己最大的支持者。你可以确定一个长远的目标，并着手培养自己的能力，修正自己的错误。当你开始行动时，你就会了解到真正支持你不断前进的人，正是你自己。

西方有句名言："一个人的思想决定他的为人。"这句话概括了人生的全部内容，道尽人间所有。一个人内心的想法可以通过其行为不折不扣地反映出来，所有的这些汇集在一起，便形成了其独特而丰富的人格。

如果没有种子的发芽就没有禾苗的苗壮成长，人们外在的言行举止都是由内心隐藏的思想种子萌芽而来的。无论是自然行为，还是人类刻意的行为，都是源于内心的思想，这一点毋庸置疑。

如果说行为是思想绽放出来的花朵，那么快乐与痛苦就可以看作是思想结下的果实。因此，收获快乐还是痛苦的果实，全部取决于你的思想。一个人的思想体现一个人的个性，一念之间往往决定一生的命运。如果一个人的思想不正，犹如车轮一样辗过，歪念丛生，痛苦就会接踵而至；如果一个人心诚意正，快乐便如影相随，永远相伴。

人类是地球上一种相比较来说高智慧的动物，是自然造化的产物，如同万物因果循环一样，人类的思想同样包含种因得果的道理。

高尚人格的形成不是凭借个人的爱好和机遇，而是纯正思想发展的自然结果，是长期心存正念的体现。同样的道理，卑鄙的人格却完全是凭借个人爱好和机遇，可以说是心怀不轨所形成的结果。

有一个穷困潦倒的人，非常想使自己糟糕的处境有所改变，然而在工作上却总是偷奸耍滑，敷衍了事。他总是抱怨自己的薪金太少了，付多少钱干多少活的思想在他的心中生根发芽了。这样的人根本不懂得怎样改变自己的处境，他的懒惰与自欺欺人的想法，不仅使他无法摆脱贫穷，而且还会使他深陷于更加糟糕的处境。

这说明，虽然人们平时并没有意识到产生问题的根本原因，但是自身的思想问题确实是造成所处困境的重要原因。一些人一方面希望实现美好的人生目标，另一方面却不断抱怨自身的处境，将所有原因全部归咎于他人，处处为自己找借口，陷于如此困境

一个人的思想体现一个人的个性，一念之间往往决定一生的命运。

的人比比皆是。人只有真正懂得思想的巨大作用,改变处境就不会是望洋兴叹的事了,也不会再处处为自己找借口了。

你会发现,对工作的态度一旦改变,所处的困境也会随之改变。增强自己的信念,丰富自己的知识,让自己置身于更富有挑战性的思维之中,就能获得更多的机会。你要记住,什么事都要努力去做,千万不要以为可以不劳而获,将所有的便宜占尽。不努力的话,即使取得了成功,也必定是短暂的,很快就会失去。

如同我们必须先掌握一门功课,才能接着学习下一门课程一样。在拥有你梦寐以求的丰硕成果之前,你需要先充分发挥你的聪明才智。因为如果滥用、忽略或低估你的能力的话,即使你的天赋能力再强,也不会有什么作为,因为你不配拥有这样的能力,你的所作所为已经证明了这一点。

◎你应该让自己的思想回回炉

有一名普通修理工，他的名字叫凯斯特，他的生活虽然勉强过得去，但离自己的理想生活还差很远。有一次，他听说底特律一家维修公司正在招聘修理工，他决定前去一试，希望能够换一份待遇更好一些的工作。

面试时间是在星期一，凯斯特在星期日的下午就到达了底特律。吃过晚饭，他独自坐在旅馆的房间中，不知为什么，他想了很多很多，他把自己经历过的事情都在脑海中过了一遍。突然间，他感到一种莫名的烦躁：自己并非一个智力低下的人，为什么会落到这步田地呢？

凯斯特掏出笔，铺开一张纸，写下四位自己认识多年、薪水比自己高、工作比自己好的友人的名字。其中两位是他以前的老板，另外两位曾是他的邻居，已经搬到高级住宅区去了。他扪心自问道：和这四个人相比，除了工作比他们差以外，自己还有什么地方比他们更差呢？聪明才智？实话实说，在这方面自己一点不比他们差，甚至还比他们高出很多呢。

经过长时间的思考和反思追问，凯斯特悟出其中的缘由。他的失败在于自己的性格，在于自己的心态，在于自己的情绪。他不得不承认，在这些方面，他自己比他们差一大截。

想明白这些的时候，已经是凌晨3点了，但是他的头脑却异常的清醒。他非常兴奋，他觉得自己第一次看清了自己。自己过去经常不能控制自己的情绪，做事爱冲动，失败后就无比的自卑，或者对命运的不公满是抱怨。

那个晚上，他没有一点睡意，整个晚上他都坐在那儿自我检讨。他发现自己以前就是一个极不自信、不思进取、得过且过、妄自菲薄的人。他从不认为自己能够改变自己的性格，它们是与生俱来的，难道真的是这样吗？

想明白了之后，他痛下决心，从此以后，他绝不再自己看不起自己，决不再自贬身价，他决心去改变自己的性格，控制自己的情绪，弥补自己的不足。

第二天早晨，他满怀信心地前去面试了，他顺利地被那家公司录用了。他明白，他之所以能得到那份工作，与前一晚的沉思和醒悟有很大的关系，通过思考他充满了自信，充满了对未来的向往。

他在那家公司努力工作了两年，逐渐建立起了非常好的名声。他周围的人觉得他是一个机智、主动、乐观、热情的人。即使是在他最不顺利的时候，他个人的情绪也经受住了考验。即使在经济不景气的时候，凯斯特也是同行业中少数可以做成生意的人之一。公司进行调整时，分给了凯斯特可观的股份，当然他的薪水早就有所提高了。

我们从凯斯特身上，可以看到，要想有新的突破，就要发现自己的不足，改变自己的性格，控制自己的情绪。只有这样，让自己的思想回回炉，才能在事业中不断前进，离自己的梦想一天比一天近。

一个人想要成为什么样的人完全掌握在自己手中。你的思想既可以作为武器，把自己炸得粉身碎骨；也能作为利器，披荆斩棘，开创一片崭新的天地。

只要你能选择正确的思想并且坚持不懈地贯彻下去，就能达到你曾经设想的境地；如果你满脑子都是邪思歪念，则只能沦落到可悲的境地。在这两种境地之间，存在着各种各样个性的人，每个人都是自己思想的创造者与主宰者。

作为思想的主人，你拥有无限的力量、才智与爱，掌握自己的思想，就掌握了一把能够应对任何处境的钥匙。这把钥匙自身有一种能蜕变和再生的装置，并借此能够实现心中的愿望。

只要你拥有强大的内心，坚定的思想，即使处于一种十分悲惨的境遇，仍然能够主宰自己。相反，如果你内心脆弱，思想拙劣，就不能正确地支配自己的行为，就可能走进凄惨的境遇。如果这个时候，你能反思自己的不足，审视自己的性格，调整自己的情绪，并努力地寻找为人处世的道理的话，就能脱胎换骨，成为有能力、有思想、有信誉的人。

人只有察觉到自己的思想所存在的问题，才能想方设法改变自己，做自己思想的主宰，而这需要专注地思考、客观地自我分析。

许多人都会想要改善自己所处的环境，但是却从来没有想过自己的思想是不是出了问题，于是他们越努力境况越糟糕。那些勇于接受命运考验的人，总是做好了思想准备，这个道理放之四海皆准。即使人生的目标只有一个，那就是获得财富，为此你也要付出很多很多。何况我们人生的目标又不只是这些呢，那又要付出多大的牺牲呢？

◎换工作换老板不如换心态

每一份工作都会让你学到一些宝贵的经验，它们将是你人生成长过程中最重要的资源。因此，当你苦闷难当，萌生退意，准备跳槽时，不妨先转换一下自己的态度，以全新的角度审视自己的公司，自己的工作，自己的老板，或许跳槽的想法就会打消。

人在职场，换几份工作是正常的，但是，每一次换工作是否都为你带来了正面的效应，是否对你的价值提升有所帮助，当然不仅仅只是体现在薪酬的提高上。这是你跳槽前必须深思熟虑的问题。遗憾的是，许多人盲目地跟着潮流走，只看到别人越跳越好，只看到新工作、新公司、新老板的好，却没有深思。其实最应该深思的是自己，反思一下自己的工作态度吧，如果你很草率地放弃原本熟悉的工作，跳到一个你完全陌生的环境，很有可能会陷入进退维谷的处境之中。

多数人在事业不如意时，常常不知追根究底，不知找出自己的问题所在，总是期待环境或者他人能根据自己的意愿而改变。一旦自己的期望落空，失望与沮丧便会涌上心头，自己的情绪就会跌入低谷，进而产生转换门庭的想法。对此，我的看法是，跳槽之前，先自我反省一下，也许你会发现，转换对工作的态度与认知，才是解决问题的最根本的方法。

研究人员发现，转换工作的想法不外乎以下几种原因，看看自己属于哪一种情况，并且对症下药，消除不良心态。

（1）薪水过低。你要知道，你的薪水待遇往往和你的付出成正比，如果你能全心全意地付出，尽心尽力地做事，相信你的老板或主管绝对不会视而不见。此外，你工作所得的回报除有形的货币以外，还有一些隐形的收入，譬如获得了良好的人际关系，能力技术得到了提升，获得了丰富的工作经验，等等。这些隐形的收入，价值是不可估量的。

（2）怀才不遇。你自己的专长得到了发挥吗？在现在的公司究竟还有没有发展空间？对于这些问题，你不仅要认真思考，必要时候还要和老板多多沟通。俗话说得好，"天生我才必有用"，要做到人尽其才必须和老板多沟通，让老板真正的了解你。千万不要做有才华的穷人，整日里哭丧着脸，总是有怀才不遇的感叹。人有多方面的天赋，而且要做一行爱一行，用心做好每一件事，这样才能有更多发展的机会。

（3）不被理解。你是否觉得经常不被理解？仔细想一想，这种分歧多半并非老板的原因，也可能是你自己太固执己见的结果，也可能是自己没有充分表达自己的想法的原因。如果你能站在老板的角度，更全面地思考公司的发展问题，也许视野会更开阔些，也许能看到的问题会更客观一些。如果这还不能说服你自己，那就试着去适应公司的发展规划，适应公司的文化和老板的行事风格。选择一个好时间，把自己的想法说出来，也许老板并不像你想象的那么固执。

（4）工时过长。如果你觉得你工作的时间太长，不妨先问问自己究竟是工作效率太低，还是业务量过重？如果是你的工作效率太低，那么正确的工作态度是努力提高自己的技能，更加投入地学习和自我提升。如果是你的业务量过重，则应该主动地寻求老板的支持，最好能提出具体的解决方案，而不是逃避和抱怨。

（5）心中不满。如果你总是觉得心里不痛快，想一想，究竟是自己太褊狭，还是整个公司的氛围的确太差？如果你不能从心理上解决问题，跳到任何公司都不会有好果子吃。当你和老板或同事之间关系紧张时，不要总是站在自己的角度去思考问题。换个角度去想，就能看到另一片天空。试一试用自己的宽容大度和幽默来改善工作气氛吧！

（6）训练不足。如果你总觉得你得不到更多的锻炼，那多数是你的问题。每个工作都有挑战性，只是看你是否擅于发现而已。在工作中是否能获得提升，培训和教育十分重要，但是这往往取决于你的态度。当然，一个优秀的老板，一群和睦的同事，可能要比死板的教育训练更让你舒服得多。

（7）升迁不畅。如果你总觉得没有什么前途，你根本看不见升迁的希望，问题到底出在哪里？最近公司有没有人获得升迁？如果有，你就要深度思考一下了，究竟是老板任人唯亲，还是你的能力的确不佳？不要胡思乱想，先入为主地认为他人的升迁不过是靠拉关系得来的，要努力去发现那些自己所不具备的优秀品质和卓越的能力，并将自己所存在的问题——改正。

（8）交通不便。如果你觉得交通是你工作不顺畅的最大问题，难道你不可以早点起床吗？不可以改变晚睡的习惯吗？早起的鸟儿有食吃，只有勤劳才会有收获，这是一个最基本的成功法则。每个人都有惰性，但是这不应该是你懒惰的理由，你应该转变那些错误的观念，让自己勤奋起来。一个不断奋进的人，应该以工作为中心来转换居住的地点，而不是以自己的居住地为中心来寻找工作。

（9）前景不乐观。如果你觉得你在这一个公司里，前景极其的不乐观，是基于什么样的原因？俗话说，经济一片大好时有赔钱的公司，经济不景气时也有赚钱的公司。公司的好坏难道跟你没有一点关系吗？你也是公司的一分子，不是吗？更何况公司或行业的前景需要有专业而冷静的判断，而不应该被当成逃避责任和压力的借口。多问问自己是否真的尽心尽力了。往往是在经济衰退、公司经营业绩不佳时，最能体现员工的能力和忠诚度。你是那一个员工吗？

（10）不被肯定。如果你总是觉得不能被肯定，这种不肯定的感觉让你难受极了。你想没想过，你为什么没有被肯定？是你真的怀才不遇，还是你根本就高估了自己的能力？孤芳自赏只会让你在职场中越来越孤独。试着多和老板谈谈自己的想法，尽量多参加一些重大项目，也许你就能从不被肯定到被肯定。

◎与其抱怨不如寻求改变

也许你无依无靠地生活在异乡他国，没有亲朋好友，贫困的生活像枷锁一样困扰着你，孤独就像蛀虫一样啃咬着你。你急切地希望能找到一丝温暖，急于走上小康之路。然而，你仿佛陷入黑暗的深渊，你的眼前越来越黑，你的前途越来越无望。于是，你不停地抱怨，抱怨命运对你的不公，抱怨父母不够富有，抱怨老板不够仁慈，抱怨上苍为何偏偏对你如此的不公，让你遭受贫困的折磨，却赐予他人富足；让你遭受孤独的摧残，他人却亲朋满堂。

别再抱怨了，让烦躁的心情平静下来吧。你所抱怨的那些都不是导致你贫困的原因，你贫困的根本原因就出在你的身上。你抱怨的后果，只能是徒增烦恼，只能是雪上加霜。

抱怨是心灵的杀手，整日抱怨满腹的人在世上是没有立足之地的。一个人如果没有良好的心态，如同用链条捆绑了自己，掉下无底的深渊，在黑暗之中孤苦潦倒。

仔细观察任何一个管理健全的机构，你会发现，最成功的人往往是那些积极进取，乐观向上，能适时给他人鼓励和赞美的人。没有人会因为坏脾气和消极负面的心态而获得提升和奖励。那些获得提升的人，也往往会鼓励他人像自己一样积极进取，乐观向上。但是，遗憾的是有些人无法体会这种用意，将诉苦和抱怨视为一种常态，有人不诉苦不抱怨反而认为是不正常了。

有一句古老的格言是这样说的："如果说不出别人的好话，那就什么也别说。"这句话在如今的社会更显得弥足珍贵。几乎所有机构，无论大小，总是有那么一些人喜欢吹毛求疵，喜欢传播流言蜚语。俗话说得好，"要想人不知，除非己莫为"，只要曾在背后说人，总有一天会因此付出代价。

在我们面前说人是非的人，也一定会在他人面前说我们的是非。如果一个公司到处都是流言蜚语的话，势必会影响公司的凝聚力。与其整日抱怨对公司对老板的不满，不如努力欣赏公司和老板的闪光点。

只要你这样做了，你会发现你的处境会大有不同。

如果你不知道自己到底想要什么，就别抱怨老板不曾给你机会。那些喜欢整日大声抱怨的人，是自己丧失了把握机会的时机，失败后往往又不断地找各种各样的借口。真正的成功者不会为自己寻找借口，因为他们能为自己的所作所为负责，也能享受自己努力所得的成果。

整日抱怨的人，终其一生都不会有真正的成就。真正的成就往往是在克服困难的过程中产生的，克服困难的过程会激发人的勇气，培养坚毅的性格和高尚的品质。

如果你正住在一间简陋的破屋里，梦想着能住进宽敞明亮的大房子，那么，你首先应该做的就是努力将这间小破屋变成一个干净整洁的温暖小屋，让你的乐观心情充满这间小屋。

好好想一想吧，你喜欢哪一种工作伙伴呢？是喜欢那些总在抱怨的人？还是喜欢那些乐于助人、有活力、值得信赖的人呢？

在困苦的环境中，抱怨是无济于事的，只有通过努力才能改善处境，走向快乐无烦恼的未来。

◎不要做自己心理上的奴隶

许多人认为，自己在公司里受到老板和上司的压榨和奴役，事实上并非如此，真正压榨和奴役他的不是老板和上司，而是他自己。

这些人整天抱怨，说自己像一个奴隶一样被人役使，他的内心就渐渐产生了这种低人一等的心态，真正变成了一个奴隶。

人应该培养高贵的人品，这样就能使自己超越奴隶的层次。在抱怨自己是他人的奴隶之前，先看看自己是否是自己的奴隶。

人就是要反省自我，敢于正视自己的心灵，不要太过放纵自己。如此一来，你一定会发现，你的心里隐藏着很多猥琐的欲望和卑劣思想，甚至会不加思考就顺从的行为习惯，无形之中自己就成了自己的奴隶。

改正你的想法吧，不要再做自己的奴隶，那样就没有人能再压榨和奴役你了。

战胜别人，首先要战胜自我，战胜了自我你便有了战胜逆境的勇气，战胜困难就不在话下了。

这个世界是公平的，今天你被别人压榨和奴役，日后没准也会压榨和奴役他人，这都是风水轮流转的事情。不要抱怨你正在被老板所压迫。

如果你是老板，难道会单打独斗吗？难道不需要使用别人吗？假如你过去曾经就是老板，而且曾经压迫过别人，按照世界是公平的这条法则，你现在所遭受的一切就是在遭受报应。只有让永恒的正义、永恒的善良留存心中，才会不出现谁压迫谁的问题，但是在这个经济社会，显然很难。

我们要努力摆脱自私与狭隘的思想，追求无私和永恒的境界。更重要的是摆脱自己是受害者的错觉，试着去深入了解自己的内心，你会发现，伤害自己的其实就是你自己，并非他人。

前一段日子，我应邀参加一家大公司的年会，并在会上发表演说，得到了热烈的掌声。

年会之上，有一位名叫哈利的老人当场宣布退休，公司董事长乔治首先站起来做一次例行讲话，说哈利先生对他们的公司是多么的有价值、有贡献，以及现在他要退休，他们对他多么的怀念。

庆祝大会结束后，哈利先生就像被人遗忘了一样，落寞地坐在角落里。他长叹一口气，对我说："先生，你是否能给我30分钟的时间，我想跟你说说话，心里郁闷极了。"

面对一位老人，我无法拒绝他这样的请求，于是带着他来到我住宿的旅馆，端上了一些饮料和三明治。我们准备边吃边聊。

坐定之后，我首先引起话题，我说道："哈利先生在公司待了那么多年，可谓是劳苦功高，今天晚上光荣退休，真是值得祝贺。"

我以为哈利先生也会将这件事引以为傲，然而哈利先生却说

我们要努力摆脱自私与狭隘的思想，追求无私和永恒的境界。

道："其实，我真是不知道该怎么说才好，今天我并不快乐，这是我一生中最不快乐的夜晚。"

"为什么？我不懂你的意思。"我问道。

其实，我多少知道一些他的事情，他的感慨我并不吃惊，但是我想使他认为我很吃惊，这样也许他的内心会更好受一些。

哈利先生悠悠地说道："今晚我只是坐在那里，结束我的职业生涯而已。到这个时候，我才感到自己真的是一事无成，真的是彻底失败了。"

老人这种无望的感觉我看了很难过，于是问道："哈利先生，你现在才65岁而已，之后你准备做些什么呢？"

老人叹了一口气，说道："我还能做什么，我会很快搬到老人村里去，在那里终老，不用担心，我有一笔不少的退休金以及社会保险金，这些钱足够我养老了。"说完这些，他痛苦地接着说："这就是我以后的生活。"

听了他的话，我也有些悲伤，于是我们陷入了沉默之中。

过了一会儿，他从口袋中取出了今晚才拿到的退休纪念表，说道："我想把这块纪念表丢掉，我不希望让时间记录这些痛苦的回忆。"至此，哈利先生已经放松下来，他继续说道："今天晚上，当董事长乔治先生站起来致辞时，你可能无法想象我当时是多么难过。乔治先生是同我一起进入公司的，但是他很好学上进，结果节节攀升，而我却总认为我的所作所为已经对得起公司付给我的薪水了。"

"然而，时至今日，我在公司领到的薪水最高不过7 250美元，而乔治先生领到的却是我的 10 倍，这还不包括种种红利以及其他福利在内。每当我想起这件事，我的心里就很难过。我很清楚我并不比乔治先生笨，但是他比我能吃苦，能经得起磨炼，能完全投入工作。"

"其实，在公司的这几年，我也有很多机会，我甚至有不少被提升的机会，例如我在公司待了 5 年后，有一次公司要我到南方去掌管分公司，这是多么不错的一个机会啊，但是我自己放弃了，因为当时我觉得没有那个能力，也没有那个兴趣。回想起来，的确是这样，每次当这种绝好的机会到来时，我总是找一些借口来加以拒绝。现在，我退休了，一切都已经过去了，我想再拒绝也没有机会了。其实，真的再有这样的机会的话，我不会再拒绝的，你说人生能有几回搏呢？时至今日，除了年老的年龄，我什么也没有得到，往事真的是不堪回首啊。"

我们可以看到，在哈利的一生中，他一直游移不定，没有任何实际目标。他惧怕真正地面对困难，害怕勇挑重担，害怕承担责任，他经历了许多虚度年华的日子。

其实，跟哈利先生一样的人也不在少数，这些人总是把自己判入终身的心理奴隶的牢笼之中。这种奴隶并不限于某一种类型的工作，他们有可能在办公室中，在商店里，在农场上。

这种奴隶的存在都是他们自己选择的结果，而不是被其他人强迫去当奴隶的。他们之所以会选择当奴隶，是因为他们不知道如何改变自己的心态，不知道怎样获得解脱与自由，一旦到了明白过来的那一天，可能什么都晚了。

第八章
对待细节：谨慎、专注、耐心

　　密斯·凡·德罗是10世纪世界四位最伟大的建筑师之一，当他被要求用一句话来描述他成功的原因时，他只说了五个字"魔鬼在细节"。他反复强调，不管你的建筑设计方案如何恢宏大气，如果对看似小事的细节把握不到位，就不能称之为一件好作品。

◎走好每一小步，才能跨出一大步

成就卓越的过程，好比是爬山的过程。走好平凡的碎步，才能攀登上巍峨的高山。

具体地说，胜利在山的顶峰上。你不可能直接飞上山顶，而必须一步一个脚印地爬上巍巍高山。这一个个脚印是平凡的，但正是这些平凡的碎步才让我们有机会站立在"顶峰"，一览众山小。所以，在我们心存高远的时候，不要忽略眼下的每一个平凡的细节，正如现在细枝上一个个幼芽，是成就满园春色的基础。

曾经有过这么一个关于"百合谷"的故事：

在一个偏僻的山谷里，有一个高达数千尺的断崖。不知道什么时候，断崖边上长出了一株小小的百合。

百合刚刚破土的时候，长得和杂草一模一样。但是，它心里知道自己并不是一株野草。它的内心深处，有一个内在的纯洁的念头："我是一株百合，不是野草。唯一能证明我是百合的方法，就是开出美丽的花朵。有了这个念头，百合努力地吸收水分和阳光，深深地扎根，直直地挺着胸膛。终于在一个春天的清晨，百合的顶部结出了第一个花苞。

百合的心里很高兴，附近的杂草却很不屑，它们在私底下嘲笑着百合："这家伙明明是一株草，偏偏说自己是一株花，还真以为自己是一株花，我看它顶上结的不是花苞，而是头脑长瘤了。"

在公开场合，它们则讽刺百合："你不要做梦了，即使你真的会开花，在这荒郊野外，你的价值还不是跟我们一样。"

偶尔也有飞过的蜂蝶鸟雀，它们也会劝百合不用那么努力开花："在这断崖边上，纵然开出世界上最美的花，也不会有人来欣赏呀！"

百合说："我要开花，是因为我知道自己有美丽的花；我要开花，是为了完成作为一株花的庄严使命；我要开花，是由于自己喜欢以花来证明自己的存在。不管有没有人欣赏，不管你们怎么看我，我都要开花！"

在野草和蜂蝶的鄙夷下，百合努力地释放内心的能量。有一天，它终于开花了，它那灵性的白和秀挺的风姿，成为断崖上最美丽的颜色。这时候，野草与蜂蝶再也不敢嘲笑它了。

百合花一朵一朵地盛开着，花朵上每天都有晶莹的水珠，野草们以为那是昨夜的露水，只有百合自己知道，那是极深沉的欢喜所结的泪滴。

年年春天，百合努力地开花、结籽。它的种子随着风，落在山谷、草原和悬崖边上，到处都开满洁白的百合。

几十年后，远在百里外的人，从城市，从乡村，都赶来欣赏百合花。许多孩童跪下来，闻嗅百合花的芬芳；许多情侣互相拥抱，许下了"百年好合"的誓言；无数的人看到这从未见过的美，感动得落泪，触动内心那纯净温柔的一角。

　　那里，被人称为"百合谷地"。不管别人怎么欣赏，满山的百合花都谨记着第一株百合的教导："我们要全心全意默默地开花，以花来证明自己的存在"。

　　这就是积累的力量，像滚雪球一样，要想从山坡上滚落下来的雪球越滚越大，就必须以坚实的内核作为起点。众所周知，滚雪球的起点不是一团散雪，而是捏了又捏的、很紧密的雪核；否则，滚不了几步，就会从中散开。成功也是一样的道理。扎实的基础是成功的法宝。只有走好每一个"一小步"，才能跨出"一大步"。事实上，没有突如其来的胜利，也没有从天而降的成功。要想让成功降临到自己头上，必须踏实地走好脚下的路，实现从一小步到一大步的跨越，如果你忽略了这一小步的非凡意义，就会在成功的路上止步不前。

◎注重细节，在细节之处做到完美

在全球经济将走向"精细化"的现代社会，"细节"中的做事和能力越来越成了人们立身处世的资本。能够将细节完美化的人，也必将是组织和企业里炙手可热的人物，而成就大事的能力就是在一个个平凡的细节中积累而成的。

吉姆21岁进入了一家集团公司，他被派往纽约分公司进行财务工作。在工作中，他发现分公司的财务软件与总公司之间有一些不配套的地方。这套财务软件来自一家著名的软件公司，它的强大功能不容置疑。但是，问题的确存在，尽管只是小问题，但是处理起来非常繁琐，并且不可避免地会造成一些错误。

吉姆决定完善这个软件，他请教了许多相关专业的朋友，经过几个月的努力，他达到了预期的目标。

改善后的软件被应用于财务工作中，员工反映非常好。几个月后，董事长来到纽约分公司视察，吉姆为他演示了这个软件。董事长马上发现了这套软件的优越性能。很快，这个软件便被推广到集团在全美的各个分公司。

3年后，吉姆成为集团最年轻的分公司经理。

工作中有许多细微小事，这往往也是被大家所忽略的地方，有心的员工则往往在别人没有注意到的地方留心，把每一个细节都尽可能做到尽善尽美。如此敬业的工作态度，让你无法不耀眼。俗话说，大处着眼，小处着手。多注意细节，在老板看来，也许是填缺补漏，但时间长了，你考虑事情周到、能吃苦、工作扎实的作风就会深深地印在老板心中。

一个小伙子在家乡做铁匠，但是因为日子并不好混，所以想要到大城市碰碰运气。他到了一个工厂的组装车间做工。

但是3个月之后，他对朋友抱怨，说他不想再待在那儿了，"这份工作让我厌烦透了！你知道吗，我每天的工作不过是在流水线上将一个螺丝拧到它该待的地方，每日每夜地只是重复着同一个动作，这让我觉得自己像个傻子！"

朋友提议他再干1个月再说，他闷闷不乐地回去了。

但是1个星期之后，他兴高采烈地来找朋友："嘿，伙计！你知道吗？我现在觉得这份工作真是棒极了！今天我在拧螺丝的时候发现那个地方有条小小的裂缝，于是我找到头儿，把这件事情告诉了他。你知道，他向来都只会板着脸监视着我们，但是今天，他居然对我笑了，并当着所有人的面夸了我！"

1个月过去，他再次来找朋友："你知道吗？今天主管来巡视车间，我对他说：'为什么你们不把车吊高一点，好让我拧螺丝的时候能动作快一点，而非要让我弯着腰、扭着脖子慢慢地拧那颗螺丝呢？'主管听了我说的话，居然认真地观察了我的工作，说他会考虑。"

朋友笑着问他："那么你还打不打算辞掉这份让你厌烦透顶

的工作呢？"

"你在开什么玩笑！"他拍着朋友的肩膀说，"这份工作需要我，我现在不知道有多喜欢干这份工作！"

只有深入细节中去，才能从细节中获得回报。细节是一种创造，产生效益，带来成功。

1961年4月12日，苏联宇航员加加林乘坐"东方1号"航天飞船进入太空遨游了89分钟，成为世界上第一位进入太空的宇航员。他为什么能够从20多名宇航员中脱颖而出？

原来，在确定人选前一个星期，航天飞船的主设计师罗廖夫发现，在进入飞船前，只有加加林一个人脱下鞋子，只穿袜子进入座舱。就是这个细小的举动一下子赢得了罗廖夫的好感，他感到这个27岁的青年既懂规矩，又如此珍爱他为之倾注心血的飞船，于是决定让加加林执行人类首次太空飞行的神圣使命。加加林通过一个不经意的细节，表现了他珍爱他人劳动成果的修养和素质，也使他成为遨游太空的第一人。

加加林是细节的受益者，然而因为细节的不慎导致错失机会的也大有人在。

有一家企业招聘员工，报酬丰厚，要求严格。一些高学历的年轻人过五关斩六将，几乎就要如愿以偿了。最后一关是总经理面试。在到了面试时间之后，总经理突然说："我有点急事，请等我10分钟。"总经理走后，踌躇满志的年轻人们围住了老板的大办公桌，你翻看文件，我翻看来信，没一人闲着。10分钟后，总经理回来了，宣布说："面试已经结束，很遗憾，你们都没有被录取。"年轻人惊讶不已："面试还没开始呢！"总经理说："我不在期间，你们的表现就是面试。本公司不能录取随便翻阅领导人文件的人。"年轻人全傻了。

　　成也细节，败也细节。在生活中很多人就是因为这些小小的不经意，错失了成功的机会。而那些注意抓住细节、细心做人处事的人，却往往获得意想不到的成功。

◎不轻视小事，认真把小事做到位

　　每一天，我们仿佛都在焦躁地等待，等待我们被委以重任，来施展我们的抱负、尽显我们的才华，而不甘于庸庸碌碌、平平凡凡地了此余生。诚然，这无可厚非。但是，当每一天我们所做的依然是些微不足道的小事时，我们开始自怨自艾、怨天尤人。对待平凡琐碎的工作，缺少热情，敷衍了事。然而，殊不知，机会就在这些无谓的叹息中悄悄地溜走了。

　　"每个人所做的工作，都是由一件一件的小事构成的……所有的成功者，他们与我们都做着同样简单的小事，唯一的区别就是，他们从不认为他们所做的事是简单的事。"这是《没有任何借口》一书中的一段话，听来平实无华却意味深长。其实，人生就是由这许许多多的微不足道的小事构成的。

　　所以，在平日工作中，不要轻视你身边的任何一件小事，即便是再简单不过的工作，也要把它做到完美、极致。在认真做好每一件小事的过程中，会提升你的工作能力，调整你的工作态度，继而获得领导和同事的认同和肯定，你良好的个人形象也会在潜移默化中形成。

　　对日本人来说，泡茶招待客人是一个重要的仪式。如果泡的茶不好喝，客人常会直接推断这个公司一定管理不好，所以泡茶事小，却是重要性很高的工作。

有一位大学毕业的少女，非常向往记者的工作，于是去报考新闻机构。她被录取了，但是，由于没有记者的空缺，主管叫她暂时做一些为同事泡茶的工作。作为一个满怀梦想的大学生，只为大家泡茶，心里当然非常失望。不过，想到公司也不是有意轻视她，待遇也不错，就安慰自己不用急，将来还是有机会的。于是，坦然去上班，每天为同事泡茶倒茶。

3个月过去了，她开始抱怨："我好歹也是个大学生！却来天天为你们泡茶。"这样一想，她泡茶就不像从前那样愉快，泡出来的茶，也就一天不如一天了，但她并未察觉。

又过了一段时间，有一天她泡好茶端给经理喝，经理喝了，就大骂起来："这茶怎么泡的！难喝得要命。亏你还是大学毕业呢！连泡杯茶都不会。"

她真的气炸了，几乎哭了出来："谁要在这个鬼地方继续泡茶呢！"正准备当场辞职的时候，突然来了重要访客，必须好好招待。她只好收拾起不满与委屈，心想反正要离开了，就好好泡一壶茶吧！

于是，认真地泡好茶，当她把茶端进去，转身刚离开时，突然听到客人由衷的一声赞叹："哇！这茶泡得真好！"别的同事，连那位骂她的经理都端起来喝，纷纷情不自禁地赞美："这壶茶真的特别好喝！"就在那一刻，她自己也呆住了。只是小小的一杯茶而已，竟然造成那么大的差异，或被上司骂，或被大家赞不绝口，这茶里显然有很深奥的学问，要好好地去研究。

从此以后，她不但对水温、茶叶、茶量都悉心琢磨，就连同事喜好、心情，也细心地体会。甚至连自己泡茶时的心情状态会带来的结果，也了如指掌。很快，她成为公司的灵魂人物。不久她被升为经理，因为老板想："泡茶时那么细致专心的人，一定是很精明难得的人才！"

有一个人，年幼因为家境贫寒而无力承担学费，被迫辍学，背井离乡出去打工。在打工时，他总是留心老板经营米店的窍门，学做生意，通过努力，最后他开了一家米店。由于当时技术比较落后，出售的大米里经常混杂着沙粒、小石子……这在当时并不是什么奇怪的事情，买卖双方都是见怪不怪。但是他却没有忽视这个看似不起眼的问题，每次在卖米的时候他都把米里的杂物捡干净，他的这一举动不仅反映出他的细心周到，而且深受顾客的信任和欢迎。

然而，即使这样，他也没有满足，而是更用心地盘算着顾客的消耗量，设定标准，把握时间，制定比例。估计其顾客差不多缺米了，就主动将米送到顾客家中，这种考虑周到的细致服务受到了大家的肯定，他不仅方便了顾客，而且也使自己的米店在当地留下了美名。日销量从开业之初的12斗米发展到后来的100多斗米。

就这样，他坚持日复一日的细致服务，最终走向了成功。除尽米粒里的沙粒、用心盘算顾客的消耗量，把握时间，制定比例，这些看似小事，微不足道，但是当平凡的米店老板坚持做好这些小事时，他就走向了卓越。可见，成就大事者，绝不忽略和轻视小事，而是努力从小事做起，认真把小事做到位。

　　智者善于以小见大，从平淡无奇的琐事中悟道。他们不会将处理琐碎的小事当作是一种负累，而是当作一种经验的积累过程，当做成就宏图伟业的必修课。

　　"不积跬步，无以至千里。不积小流，无以成江海。"卓越从来都不是一蹴而就的，卓越需要不断积累。

◎把每一件平凡的事做好，就是不平凡

手头的工作无论多么平凡，只要做好了，就有机会。把每一件平凡的事做好，就是不平凡。所以，不管你目前从事的是什么样的工作，都不要轻言放弃，更不要放弃自己！

有一个名叫艾伦的孩子，9岁时，在他祖父的农场里开始了他的第一份工作——赤手去捡牧场上的牛粪饼。一般的孩子都嫌这活儿脏，不愿做，艾伦却干得好极了。由于他捡牛粪饼表现出色，祖父给了他一个向往已久的工作——放牧马匹。这件事深深影响了小艾伦，使他坚信：手头的工作无论多么平凡，只要做好了，就有机会。

长大后，他从每星期挣1美元的肉铺帮工做起，这份工作虽然又累又脏，但是，他干得很出色，因为他一直没有改变他的人生信条：做好了，就有机会。

果然，后来他成为每星期薪酬50美元的美联社记者。

再后来，他成为美国阅读面最广的报纸《今日美国》的总编辑。

艾伦的人生信条告诉我们，最紧要的是把我们眼前的工作做好，不论眼前的工作多么普通，做好了，平凡的工作，也能成为我们晋升的阶梯。

　　"把每一件简单的事做好，就是不简单；把每一件平凡的事做好，就是不平凡。"很多视之为座右铭的人，都在平凡的岗位上，在无数个平凡的日子里，书写了不平凡的人生篇章。湖南省益阳电业局一位普通职工——曾卫，便以此为人生格言，终结了他年仅38岁的人生。他在2008年年初的抗冰救灾中以身殉职。

　　如今，只要是熟悉他的人，无不为他那种"把每一件平凡的事做好"的执著动容。也正是他这种执著的人生追求，使他近20年始终坚守在电网巡视、维护和抢修最艰苦的环境中而无怨无悔，也正是他这种执著的人生追求，使他高中还没毕业，就进了电业局，从事被誉为"华中电网最恶劣的500千伏五民线路"工作。他为了把每一件事做好，吃了比别人多得多的苦，特别是反复地练习走线的基本功，不管天气多么恶劣都坚持不懈，直到人家需要1个小时才能走完的线路，他10来分钟就能搞定。

　　刚参加工作时，他清楚自己文凭低、技不如人。他就发扬钉子精神，坚持自学，苦攻专业知识，不仅使自己拿到了电力专业的大专文凭，也使自己成了一个专家型的技术人才，成了局里顶呱呱的技术骨干。以他为主的班组研发了30多个项目，为企业创造经济效益数百万元，多项科技成果获得全国性大奖。同事们讲起他来，都无不伸出大拇指，最佩服他的就是"不把每一件事做好决不放手"的顽强拼搏精神！

　　"把每一件平凡的事做好"，说起来容易做起来难。需要做到以下几点：

　　其一，要敢于承担、勇于负责。一个人在一生中会扮演诸多"角色"，会承担家庭责任、社会责任、工作责任等。比如，在现代社会中，一个女人在家里既为人妻、又为人母、还为人女，要想把每一件平凡的事都做好，基本让大家认可、使家人满意，这仅有爱心还远远不够的，没有一定的责任心是无法做得到的。

其二，要不怕吃亏、乐于助人。一个人如果对什么事情都斤斤计较，生怕吃亏，生怕好了别人，拈轻怕重，挑三拣四，如果这样能做好一件事恐怕是痴人说梦吧。只有那种乐于助人的人、甘愿吃亏的人、大公无私的人、一心替别人着想的人，才能将事情办好。

其三，追求卓越、追求完美。一个人做起事情来，倘若抱着粗糙交差、敷衍了事、得过且过的态度，这样能做好事情只怕是值得怀疑的，是不怎么可能的。唯有那种做事一丝不苟、精益求精、追求完美的人，才有可能把每一件平凡的事做好。没有一以贯之、持之以恒的毅力和执著的精神，只怕也是难以做到的。

事实上，也只有把每一件小事，每一个细节都做好了，做到位了，方可达到做好事情的目的。

◎ 即便事情再多，也要一件一件处理

无论你今天多么忙碌，时间多么紧迫，事情多么繁多，也还是要一件一件处理才好。

一位卓越的领导者曾经向他人谈起他遇到的两个人。

第一个是性急的人，不管你在什么时候遇见他，他都是风风火火的样子。如果要和他谈话，他只能拿出两三分钟的时间，时间稍长一点，他就会一再地伸手看表，暗示你他的时间很紧张。他公司的业务虽然很大，但是开销更大。究其原因，主要是他在工作安排上七颠八倒，毫无秩序。他做起事来毫无章法，也常为杂乱的东西所阻碍。结果，他的事务从来都是一团糟，他的办公桌简直就是一个垃圾堆。他像一个旋转的陀螺般不停地忙碌着，从来没有时间来整理自己的东西，即便有时间，他也不知道怎样去整理和安放。

第二个人和第一个人恰恰相反。你从来看不到他忙碌的样子，他做事情非常镇静，总是很平静温和。别人不论有什么难事和他商谈，他总是彬彬有礼。在他的公司里，所有员工都寂静无声地埋头工作，各种东西安放得也有条不紊。他富有特色的有条理、讲求秩序的作风影响并带动了整个公司的员工，大家做起事来都

是有条有理，整个公司秩序井然。

不难看出，在工作过程中，只要在处理事情时做到有条有理，就能让自己心神安定，就能充分地利用好有限的时间，提高办事的效率。

然而，在现实中，许多人却常常觉得自己没有充足的时间和丰沛的精力去完成眼下的任务，并因为工作中遇到的"拦路虎"而烦躁、焦虑，这无疑会给自己心理上施加很大的压力。其实，同时想做几件事，是引起情绪紧张的主要原因之一。在生活中，我们经常在做某一件事的同时，却还在盘算着其他的难题该如何去解决，想到今天没有完成的事情还很多，就一时乱了手脚，不知到底先做哪一件，似乎每一件都很重要。

我们这种为眼下许多事情而焦虑不安的情绪，并不是来源于事情本身，而是我们的心里想法所致。这种急躁的情绪会导致我们什么也做不成。唯一可以克服这种情绪的方法就是要求自己有次序地将事情逐一处理，也就是一件事做完后再做下一件事情。

有心理学家表示，造成现在许多人认为自己匆忙、烦恼的原因是职责和义务在人的心理上形成了一种错误的图像，似乎随时都会有什么事情等待我们去做。心理学家同时指出，无论我们在这一天里有多忙碌，时间有多紧迫，我们也要把这一天的事一件一件地安排好次序，一个一个地解决。

假如某一件事情你用了一整天的时间还没有处理完，那就停止考虑它，先去解决另一件事情。这样不会浪费太多的时间，就如同你坐在考场上答试卷，你不可以把所有的时间都用来考虑某一道难题到底该怎么做，这样你便没有时间去做那些原本对你而言简单的题目，你也就不会取得好成绩。

此外，不要在正做某件事时，心里又思索另外一件事；否则，只会导致你的思想混乱，没有条理，从而产生困惑和焦虑。只有当你把思想集中在一件事上，进行充分的思考，你才会从杂乱无章的事情中解放出来。一件一件地做事情，不仅有助于你提高工作效率，还会让你从中获得乐趣。

附录一　哈伯德成功信条

我相信我自己。

我相信我所销售的商品。

我相信我所在的公司。

我相信我的同事和助手。

我相信我国的商业方式。

我相信生产者、创造者、制造者、销售者以及世界上所有正在努力工作的人。

我相信只要是真理就是有价值的。

我相信愉快的心情，我相信健康的生命。我相信成功的关键并不是赚钱，而是价值的提升。

我相信空气、阳光、菠菜、苹果酱、酸乳、婴儿、羽绸和雪纺绸。请始终记住，人类语言里最伟大的词汇就是"自信"。

我相信自己每销售一件产品，就交上了一个新朋友。

我相信当自己与一个人分别时，一定要做到当我们再见面时，他看到我很高兴，我见到他也很高兴。

我相信工作的双手，思考的大脑，装满爱的心灵。

阿门，阿门！

附录二 把信送给加西亚（英文原文）

A Message To Garcia

In all this Cuban business, there is one man stands out on the horizon of my memory like Mars at perihelion.

When war broke out between Spain and the United States, it was very necessary to communicate quickly with the leader of the Insurgents. Garcia was somewhere in the mountain vastness of Cuba—no one knew where. No mail nor telegraph message could reach him. The President must secure his cooperation, and quickly. What to do!

Some one said to the President, "There's a fellow by the name of Rowan will find Garcia for you, if anybody can."

Rowan was sent for and given a letter to be delivered to Garcia. How "the fellow by the name of Rowan" took the letter, sealed it up in an oil-skin pouch, strapped it over his heart, in four days landed by night off the coast of Cuba from an open boat, disappeared into the jungle, and in three weeds came out on the other side of the Island, having traversed a hostile country on foot, and delivered his letter to Garcia—are things I have no special desire now to tell in detail. The point that I wish to make is this: McKinley gave Rowan a letter to be delivered to Garcia; Rowan took the letter and did not ask: "Where is he at ? "

By the Eternal! There is a man whose form should be cast in deathless bronze and the statue placed in every college of the land. It is not book-learning young men need, nor instruction about this and that, but a stiffening of the vertebrae which will cause them to be loyal to a trust, to act promptly, concentrate their energies: do the thing—
"Carry a message to Garcia!"

General Garcia is dead now, but there are other Garcias. No man who has endeavored to carry out an enterprise where many hands were needed, but has been well-nigh appalled at times by the imbecility of the average man—the inability or unwillingness to concentrate on a thing and do it.

Slip-shod assistance, foolish inattention, dowdy indifference, and half-hearted work seem the rule; and no man succeeds, unless by hook or crook or threat he forces or bribes other men to assist him; or mayhap, God in His goodness performs a miracle, and sends him an Angel of Light for an assistant.

You, reader, put this matter to a test: You are sitting now in your office—six clerks are within call. Summon any one and make this request: " Please look in the encyclopedia and make a brief memorandum for me concerning the life of Correggio." Will the clerk quietly say, "Yes, sir," and go do the task？

On your life, he will not. He will look at you out of a fishy eye and ask one or more of the following questions: Who was he？ Which encyclopedia？ Where is the encyclopedia？ Was I hired for that？ Don't you mean Bismarck？ What's the matter with Charlie doing it？ Is he dead？ Is there any hurry？ Shan't I bring you the book and let you look it up yourself？ What do you want to know for？

And I will lay you ten to one that after you have answered the questions, and explained how to find the information, and why you want it, the clerk will go off and get one of the other clerks to help him try to find Garcia—and then come back and tell you there is no such man. Of course I may lose my bet, but according to the Law of Average, I will not.

Now, if you are wise, you will not bother to explain to your "assistant" that Correggio is indexed under the C's, not in the K's, but you will smile very sweetly and say, "Never mind," and go look it up yourself. And this incapacity for independent action, this moral stupidity, this infirmity of the will, this unwillingness to cheerfully catch hold and lift—these are the things that put pure Socialism so far into the future.

If men will not act for themselves, what will they do when the benefit of their effort is for all？

A first-mate with knotted club seems necessary; and the dread of getting "the bounce" Saturday night holds many a worker to his place. Advertise for a stenographer, and nine out of ten who apply can neither spell nor punctuate—and do not think it necessary to.

Can such a one write a letter to Garcia ?

"You see that bookkeeper, " said the foreman to me in a large factory. "Yes, what about him ? " "Well he's a fine accountant, but if I'd send him up town on an errand, he might accomplish the errand all right, and on the other hand, might stop at four saloons on the way, and when he got to Main Street would forget what he had been sent for." Can such a man be entrusted to carry a message to Garcia ?

"We have recently been hearing much maudlin sympathy expressed for the downtrodden denizens of the sweat-shop" and the "homeless wanderer searching for honest employ-ment, " "and with it all often go many hard words for the men in power."

Nothing is said about the employer who grows old before his time in a vain attempt to get frowsy ne'er-do-wells to do intelligent work; and his long, patient striving after "help" that does nothing but loaf when his back is turned.

In every store and factory there is a constant weeding-out process going on. The employer is constantly sending away "help" that have shown their incapacity to further the interests of the business, and others are being taken on. No matter how good times are, this sorting continues: only, if times are hard and work is scarce, the sorting is done finer—but out and forever out the incompetent and unworthy go. It is the survival of the fittest. Self-interest prompts every employer to keep the best—those who can carry a message to Garcia.

I know one man of really brilliant parts who has not the ability to manage a business of his own, and yet who is absolutely worthless to any one else, because he carries with him constantly the insane suspicion that his employer is oppressing, or intending to oppress, him. He cannot give orders; and he will not receive them. Should a message be given him to take to Garcia, his answer would probably be, "Take it yourself!"

Tonight this man walks the streets looking for work, the wind whistling through his threadbare coat. No one who knows him dare employ him, for he is a regular firebrand of discontent. He is impervious to reason, and the only thing that can impress him is the toe of a thick-soled Number Nine boot.

Of course I know that one so morally deformed is no less to be pitied than a physical cripple; but in our pitying, let us drop a tear, too, for the men who are striving to carry on a great enterprise, whose working hours are not limited by the whistle, and whose hair is fast turning white through the struggle to hold in line dowdy indifference, slipshod imbecility, and the heartless ingratitude which, but for their enterprise, would be both hungry and homeless.

Have I put the matter too strongly ? Possibly I have; but when all the world has gone a-slumming I wish to speak a word of sympathy for the man who succeeds-the man who, against great odds, has directed the efforts of others, and having succeeded, finds there's nothing in it: nothing but bare board and clothes. I have carried a dinner pail and worked for day's wages, and I have also been an employer of labor, and I know there is something to be said on both sides. There is no excellence, per se, in poverty; rags are no recommendation; and all employers are not rapacious and high-handed, any more than all poor men are virtuous. My heart goes out to the man who does his work when the "boss" is away, as well as when he is at home. And the man who, when given a letter for Garcia, quietly takes the missive, without asking any idiotic questions, and with no lurking intention of chucking it into the nearest sewer, or of doing aught else but deliver it, never gets "laid off" nor has to go on a strike for higher wages.

Civilization is one long anxious search for just such individuals.

Anything such a man asks shall be granted. He is wanted in every city, town and village-in every office, shop, store and factory. The world cries out for such: he is needed and needed badly-the man who can "Carry a Message to Garcia".

So who will send a letter to Garcia ?

Elbert Hubbard

1899